做人要精明，
做事要高明

乔子青　著

吉林文史出版社
JILIN WENSHI CHUBANSHE

图书在版编目（CIP）数据

做人要精明，做事要高明 / 乔子青著. -- 长春：
吉林文史出版社, 2019.2

ISBN 978-7-5472-5987-0

Ⅰ.①做… Ⅱ.①乔… Ⅲ.①人生哲学—通俗读物
Ⅳ.①B821-49

中国版本图书馆CIP数据核字(2019)第036131号

做人要精明，做事要高明

出 版 人　孙建军
著　　者　乔子青
责任编辑　弭　兰　崔月新
封面设计　韩立强
出版发行　吉林文史出版社有限责任公司
地　　址　长春市福祉大路出版集团A座
网　　址　www.jlws.com.cn
印　　刷　北京楠萍印刷有限公司
版　　次　2019年2月第1版　2019年2月第1次印刷
开　　本　880mm×1230mm　　1/32
字　　数　140千
印　　张　8
书　　号　ISBN 978-7-5472-5987-0
定　　价　38.00元

前　　言

　　如今的社会，是市场经济的时代，当男耕女织、鸡犬相闻的悠闲生活成为往事，达尔文的物竞天择、适者生存便成为了钢铁丛林中的生存法则。弱肉强食的竞争虽然没有大自然中那么残酷，但也关系到一个人在一生中所能达到的最高成就。

　　不过，在由钢筋水泥搭建起的丛林中谋求生存也不似在大自然中那么容易。大多数动物们可以凭借或者尖牙利爪，或者奔跑速度来维系生命的延续，因此即使是单独的个体也有生存的空间；而在当前社会中，人们所要依靠的，除了自身的能力外，更要注重人际关系的建立与维持。

　　正如卡耐基曾经说过的："专业知识在一个人成功中的作用只占15%，而其余的85%则取决于人际关系。"

　　在当今社会，没有一个人可以完全独自生存下去，更遑论谋求进一步发展了。即使如英国作家笛福笔下的鲁滨孙也罢，独居荒岛上的他也曾因为孤独而产生过短见。在今天，你所要做的绝大多数事都离不开其他人的同心协力。因此，熟练掌握社交艺术，才是成功的基石。牛顿曾言："我只是站在了巨人的肩膀上。"我们可能没有牛顿的智力，但要学会他的能力，那就是借用别人的力量来实现自己的目的。

　　记得有一则寓言：一个小男孩费尽了力气，也没能挪动沙坑里的石头，气得哭了起来。他的父亲问他："你尽了你的全力了吗？"小男孩说："是的，我已经用尽了所有的力气。"父亲微笑着说：

"不，你还没有借用我的力气。"

这就是人际关系的一个典型缩影。

人际关系实际上就是与人交流、沟通，而交流沟通不外乎两种情况：说话和办事。

说话是与人沟通的最直接方式，话说的好与坏，直接关系到你人际关系的成功与否。这就是我们常说的口才艺术。很多时候，口吐莲花换不来地涌金莲，滔滔不绝也有催人入睡之功。话要会说，要巧说，要说到听者的心里去，才能达成所愿。

办事，则是人际交往过程中的实际行动。成功办事自然离不开好口才的帮助，但又不能完全依赖于三寸之舌。办事过程中的每一个细节，都决定了你能否得到成功。而这些细节，也许就在于你不经意间的一举一动，也许就在于你选择的时机与场合，也许还在于你面对不同的办事对象所选择的不同策略。总之还是那些老话，"细节决定成败""态度决定一切"。

掌握了说话和办事的艺术，并不意味着就掌握了成功交际的真谛。

这些仅仅是一个开始。更重要的是要在实际应用中灵活地运用各种交际原则、交际方式，同时，还要做好自我保护，以免在钢铁丛林中迷失了自己。

成功，是每个人所追求的；交际，则是成功路的一块基石。一座大厦建得有多高，关键在于它的地基有多深。如果真正掌握了说话办事交际的艺术，那么成功的顶峰也就不再遥远。

目　　录

Part.1 精明为人篇

Part.1 精明为人篇

Chapter 1 / 舌尖上的精明
——口吐莲花，自然人见人爱

每个人都有一张嘴，用来吃喝用来说话。吃喝保证了人体所需的营养，让你能够存活下去；说话则展示了你的个性与人品，让周围的人能够认识你。精明的人懂得说话的艺术，不论什么话都能说得动听，什么时候都能"口吐莲花"，人见人爱。

别人认识你，从说话开始

我们认识一个人，通常是从说话开始的。如果和一个人连交谈都没有过，那绝对称不上"认识"。很多时候，人与人之间的差别，往往从说话中便能分辨出来。说话是综合实力的体现，你的情商、思想、素养以及眼界等，实际上都能从你的话语中反映出来。

不管是在工作中还是在生活中，会说话的人往往能赢得众人的喜欢，轻易就能得到各种好处和资源。而那些不会说话的人，即便再厉害、再优秀，也很容易让人敬而远之，甚至因为常常在无形之中说错话得罪人，导致身边的人渐渐远离。所以，永远不要小看说话这件事，上下嘴皮子一碰就说出的话，往往就是你递给别人的第一张名片。

小许是个热情又健谈的人，大学时因性格开朗而拥有不错的人缘。毕业之后，自诩"交游广阔"的小许成了一名投资顾问，原本以为凭借自己讨人喜欢的本事和三寸不烂之舌，必定能在这行混得风生水起。可没想到，大大小小的饭局参加了不少，客户们也被哄得眉开眼笑，可这业绩却怎么也上不去！

眼看又快到年底了，业绩还是一片惨淡，小许只得"死皮赖脸"地和表哥一块儿去蹭饭局，试图在饭局上发展几名新客户。小许本就特别能说会道，这回为了业绩，更是打起十二分精神，充分发挥自己的交际能力，在饭桌上和众人觥筹交错，笑话一个接一个，把气氛搞得很是火热。此外，为了增加自己的"可靠程度"，小许还特意提及市里几个出名的大人物，如某某局的局长、某某处的干部、某某公司的老总等，仿佛他们和自己很熟。

　　在小许看来，这场饭局也算是宾主尽欢，至少在整个聊天过程中，完全没有冷场，而他绝对是其中的主角。但让人郁闷的是，虽然很多人和小许互留了联系方式，但依旧没能做成一笔生意。

　　后来，小许的表哥私底下和当天饭局上的几位朋友旁敲侧击地聊了聊，结果发现，大家几乎一致认为，虽然小许这个人幽默风趣，挺有意思，但性格实在太跳脱了，感觉挺爱显摆的，有些不靠谱，找他做投资顾问，实在让人不放心！

　　为什么会得出这样的结论？一位和小许表哥关系比较亲近的朋友直言道："你瞧他，一来就喧宾夺主，一副统筹全局的样子，把话头都接了过去，还不停地提什么领导、什么干部、什么老总，可见，这人实在太爱出风头，太爱显摆了。虽然他的笑话说得有趣，但也可以看出，这人性格跳脱得很，一块儿玩可以，至于做投资顾问，还是算了吧，感觉不靠谱！"

　　客观来说，众人对小许的评价真的中肯吗？性格跳脱、爱讲笑话，就真的是不靠谱的表现吗？未必！但有什么办法呢？虽然说人的性格是多样的，粗鲁的人也少不了温柔的一面，马虎的人也少不了仔细的时候，活泼外向的人也有享受安静的时候。可生活这么忙碌，时间那样紧迫，我们哪里有时间仔细了解遇到的每个人呢？只能凭借对方的只言片语来粗略构建对方在我们眼中的形象，然后迅速做出判断和分类。很不幸，跳脱而又"爱显摆"的小许被许多人自动分类到了"酒肉朋友"或者"逗趣小能手"之类的组里了，从此和一本正经的工作、投资等彻底无缘。

　　所以，无论何时，都不要小瞧每一句从你嘴里说出来的话。或许你讲得很随意，但听到别人的耳朵里，却是一张张你送出的"名片"和"自我介绍"。别人所认识的那个"你"，正是通过你的一句句话语逐渐勾勒出来的。这样的"你"未必是最真实的，但却是你在别人面前建立的形象和留下的印象，直接影响对方对你的评价与"打分"，甚至关系到以后的相处。

或许有人会觉得：仅仅因为几句话就轻易给别人"贴标签"、下判断，这样未免太草率了。确实，我们不可能仅仅通过几句话就认识一个人，但不得不说，一个人教养的好坏，确实能从其言辞中看出一二。

比如到餐厅就餐，有的顾客喜欢对服务员呼来喝去，在公共场所大声喧哗，有细微的不满就恶言相向，恨不得吵吵嚷嚷让众人皆知。这样的人且不论能力如何，教养又能好到哪里去呢？

相反，如果一个人，无论对谁都能客客气气，不因对方的地位不如自己而不屑一顾，也不因对方地位高过自己而阿谀奉承，这个人即便能力不够出众，但至少是很有教养的。比之前者，人们显然更愿意和这样的人来往。

所以，聪明的人绝对不会轻易说出难听的话，你嘴里讲的话越难听，别人眼中的你自然也就越难看。你以为是无关紧要的"闲聊"，往往正是对方在心中给你打分的"试题"。因此，如果想要有好人缘，就得从管住自己的嘴巴开始。口吐莲花，自然能人见人爱；若是出口成"脏"，就别怪他人对你敬而远之了！

谨言慎行，没人喜欢"大喇叭"

古语有云："静坐常思己过，闲谈莫论人非。"但不可否认的是，自古以来，"八卦"这种社交手段或者说目的，一直都是人们社交生活的主要乐趣之一。人们喜欢八卦，三五好友，聚首一堂，总是免不了要分享和互通一些自己掌握的"秘闻"。甚至有数据显示，在日常生活中，人们的对话里有65%的内容可归类为八卦。

然而，虽然人们总是对别人的八卦感兴趣，但却没有谁会想成为别人八卦的主角，毕竟八卦别人是种乐趣，若是被别人八卦，可就完全快乐不起来了。因此，为了守护自己的秘密与隐私，在与人交往的时候，人们常常会在心里给对方"归个类"，弄清楚哪些人可以信任、值得深交，而哪些人则需要提防，保持距离。比如，那些嘴上没个把门的、热衷于传播八卦的"小能手们"，必然是每个人列的"黑名单"中的重点提防对象。

职场新人李蒙就曾因嘴上没个把门的，而让自己和男友都深受其害。

李蒙和男友王楠在同一个公司上班，都隶属于编辑部。有一段时间，因为业务需求，李蒙被暂时调到策划部帮忙做一个项目，而王楠则继续留在编辑部。某天中午吃饭的时候，王楠和李蒙在闲聊时提及最近编辑部的老大林哥交给他做的一项工作任务，是有关某公司皮划艇比赛的一个策划方案。

李蒙当时听了也没往心里去，巧合的是下午上班的时候，策划部负责人张经理也交了个新任务给李蒙，正是让她帮忙收集某公司皮划艇比赛策划方案的有关资料。一听到这个任务，李蒙就想起中午时和男友的闲聊，于是顺口说了一句："这个策划案，林哥那边不是已经做了吗？怎么我们还要再做……"

听到这话，张经理愣了一下，随即不动声色地开始向李蒙打探情况。李蒙也没多想，就把中午男友和自己说的话一五一十地告诉了张经理。没想到，张经理当即杀去编辑部，和林哥大闹了一场，甚至把老板都给惊动了。

原来，张经理和林哥在公司一直不对付，这个项目原本是通过林哥认识的一位朋友拉来的，结果老板大笔一挥，交给了张经理负责。林哥气不过，打算私底下也做一份策划方案去"截胡"，把张经理压下去。可谁想到，这事却阴错阳差地被李蒙给捅了出去……

这场闹剧最终虽未给公司造成什么实质性的损失，但李蒙"大喇叭"的名头却是打了出去，谁都知道她这个姑娘嘴上没个把门的，说话不过脑。而王楠呢，原本一直和林哥关系不错，也很得林哥器重，但在这件事上狠狠地得罪了林哥，被穿了几次"小鞋"之后愤然辞职了。

人与人之间的关系非常复杂，看似亲密无间，也可能藏着水火不容的秘密。与人交往最难之处就在于，你往往很难知道对方的"雷区"究竟在哪里，很多时候，于你而言可能只是无心的一句话，于别人来说却可能是最锋利的尖刀。所以，我们常常说，在与人交往时，一定要做到谨言慎行，管好自己的嘴，不要什么话都毫不掩饰地往外说。

有人说过："我们用两年的时间学会怎么说话，却要用一辈子的时间来学会如何闭嘴。"懂得如何说话固然重要，但懂得如何闭嘴更是重中之重。会说话能帮助我们获得别人的好感，而懂得闭嘴，却能够帮助我们尽可能地远离是非，避免招致他人的恶感。

一个人说出的话，往往最能直观地反映出这个人的教养和修养，而最好的教养莫过于与人相处时，不说不该说的话，不问不该问的事，把握好分寸，管理好舌头。正如古人所说的：慎言者立。真正聪明的人都明白，为人处世，最关键的一点就是，懂得在嘴上留个把门的，不该说的话不要说，能够说的话谨慎说。毕竟，谁也不会喜欢"大喇叭"。

最近热映的一部电视剧《创业时代》中，男主角郭鑫年就是因为不懂得"守口"，三番五次地轻信别人，泄露了自己辛苦研发的软件成果，并且还因出言不逊而得罪了同行业的"大佬"，导致自己的创业之路变得艰辛重重。但凡是他能够懂得在嘴上留个把门的，谨慎说话，小心做事，许多的阻碍与困难实际上是完全可以避免的。

生活其实也是这样。许多的是非往往是由一句话引起的，所谓"祸从口出，患从口入"，讲的就是这个道理。

晚清名臣曾国藩有副对联写得特别好："大处着眼，小处着手；群居守口，独居守心。"短短十六个字，道尽了为人处世的人生智慧。"大处着眼"是提醒我们，做事要有大局观，懂得全面地考虑问题；"小处着手"则是在告诫我们，做事要踏踏实实，勤勤恳恳，重视每一个小细节；"群居守口"是教导我们，与人交往要懂得管住自己的嘴，不要胡乱说话，妄议他人长短；独居守心则是警示我们，时时刻刻坚守本心，严于律己，洁身自好。

谨言慎行是一种品德，更是我们在这个社会安身立命的一项准则。说话很简单，上下嘴皮子一碰，话语便能从舌尖流出。但说出的话却不简单，好的话语能成为助力，让你扶摇直上；坏的话语则如同刀剑，伤人害己，让你体无完肤。所以，开口之前须谨慎，别让胡言乱语害了自己。

赞美是性价比最高的付出

佛经上有这样一个故事：

婆罗门养了一头牛，他对牛特别好，所以牛一直想要报答他。有一天，牛突然开口对婆罗门说："主人，我听说有位长者家中也有一头牛，他的牛特别厉害。你去找那位长者，告诉他，让我和他的牛比赛，赌一千两黄金，我帮你把这笔钱赢回来。"

听了牛的话，婆罗门就去找了那位长者，并定下比赛的时间。

比赛那天，很多人来看热闹，婆罗门又激动又紧张，一个劲儿地在场边又跳又骂："嘿！你倒是给我好好干啊！快用劲儿啊！你瞧瞧你的牛角，简直丑死了……"

最后，牛输了比赛，婆罗门损失了一千两金子。

回家之后，婆罗门非常生气，抱怨了牛一通。牛也很不高兴，对婆罗门说道："主人，刚才比赛的时候，你一直骂我的角难看，这让我怎能有心情好好比赛呢？要是你能夸夸我，我早就赢了！"

婆罗门反思了一下自己的过错，随后又去找了那位老者，提出再比赛一次，这一次的赌注是两千两金子。

这一回，婆罗门不再骂牛了，而是一直在旁边加油鼓劲地说好话："嘿！伙计，你可真的太棒了！瞧瞧你的角，多漂亮有力啊！"

听到婆罗门赞美的话语，牛很是开心，力气也变得更大了，果然赢了比赛，婆罗门也顺利得到两千两黄金。

瞧，就连牛也是喜欢听赞美的话的，更何况人呢？

俗话说得好："话多不如话少，话少不如话好。"赞美的话人人都爱听，且不论那些赞美几分真几分假，但至少听起来要顺耳得多。

就像"丰腴"怎么都比"胖"听着顺耳，"苗条"怎么都比"瘦"听着好听，归根结底，就是因为前者带着赞美的意味，听上去自然让人心情好了几分。

美国著名心理学家威廉·詹姆士说过："人类本性最深的企图之一就是期望被赞美、钦佩、尊重。"每个人都有得到别人赞美或肯定的渴望，这是人们一种最基本的心理需求。当你赞美一个人的时候，不仅能够迅速拉近彼此之间的距离，还能让对方变得积极起来，朝着你所赞美的方向不断努力。可以说，赞美绝对是一种性价比最高的投资，你付出的只是语言，而收获的可能是珍贵的友谊与帮助。

在出版业混迹几年后，李旸决定辞职创业，并很快创办了一家照相印刷公司。众所周知，任何一个企业从创办到发展壮大，必然要经历一段崎岖坎坷的历程，李旸的公司自然也不例外。

有一段时间，李旸接到一个工作，但由于公司人手不足，只能让员工不停地加班赶工，尤其是技术部的员工，已经数次向李旸抱怨过工作繁重。对此，李旸也感到十分苦恼。但一方面，公司还处于起步阶段，不论资金还是人手显然都比较紧张；另一方面，李旸对于招聘员工一事也始终抱着宁缺毋滥的原则，所以想要在短时间内招聘到满意的员工并不容易。

看着员工在繁重的工作压力下日渐萎靡，李旸心里非常着急，思前想后，想出一个好办法。眼看公司年度总结大会即将到来，为了激励员工，李旸特意设置了一些奖项，如"最具效率奖""最佳技术奖""最勤劳员工奖"等，根据每个员工的工作表现将这些奖项颁发给他们。此外，李旸还在公司建立了一套考核制度，对员工的工作表现进行考核，并定期评选"最佳部门"和"最佳员工"。为了激励员工、提高士气，每位获奖的员工和每个获奖的部门除了得到一些奖品外，还会获得一张由老板亲自撰写的充满溢美之词的奖状。

从数额上说，李旸设置这些奖励的花费并不多，但这种奖励方式却显然十分有效，让员工的工作积极性大为提高。尤其是最缺乏人手的技术部，在接到老板的亲自点名夸奖后，士气为之一振，一改之前的萎靡状态。

此次事件让李旸深有感触，并深刻感受到夸奖和激励所蕴含的力量。对于员工来说，真正激励到他们的，并不是那些价值不算太高的奖品，而是来自老板的肯定和赞美。那些写满溢美之词的奖状，或许卖不上什么钱，但它所象征的是无价的荣誉，以及对员工工作成果的肯定，所能给员工带来的精神满足感是无与伦比的。

这就是赞美的力量。可以说，赞美绝对是性价比最高的付出。几句赞美的话不需要花费你多少时间或精力，但却可能为你带来意想不到的好处。人人都喜欢被赞美，都需要得到赞美，与人交往时，你口中吐出的溢美之词将会让人感到由衷的开心。赞美如阳光，可以照亮心灵，滋养自信；赞美不是谄媚，而是一种善意与教养。

当你想要和某人拉近距离时，有什么比赞美更简单、更有效的呢？哈佛大学的心理学教授哈尼森曾说过："自重感是人类天性中最强烈的渴求欲望。"这里所说的"自重感"，简而言之就是觉得自己很重要。人们的自重感主要来自别人的认可与重视，当人们从别人那里获得认可和重视的时候，就会产生一种满足感，进而生出自我认同感，最终积累起自重感。又有什么比赞美更能表达认可与重视的呢？

所以，不要吝啬赞美的言语。当你由衷地赞美别人时，不仅能够让对方感受到你的善意，同时也能让自己的心胸更为开阔。赞美如诗，赞美如歌，赞美是人与人之间和谐相处的"润滑剂"，能够让生活少一些荆棘、多一分生命力。

最美的语言是真诚

想要做好一件事，除了努力与汗水之外，最为关键的一点是技巧。只要掌握了做事的技巧，我们就能用较少的付出换得更大的收获，达到事半功倍的效果。说话其实也是如此，掌握了说话的技巧，就能把话说得好听，让别人更愿意与我们交谈，听从我们的意见。很多人明白这一点，都在研究说话技巧，试图能够找到一种"套路"，让自己的语言变得人"听"人爱。其实，在这个世界上，最厉害的"套路"恰恰就是真诚，唯有真诚，才能酝酿出最美的语言，帮助我们收获最真实的人心。

很多时候，我们之所以需要"套路"，需要研究说话的技巧，是因为怀揣某种目的，并且希望能够通过高超的语言技能帮助自己达成这种目的。诚然，巧妙的表达能够帮助我们在极短的时间里获得别人的欢心与信任，但与人交往并非只是一朝一夕的事情，若缺乏一颗真诚的心，总有一天，虚假的言语终会化作泡影。到那个时候，我们能够给别人留下的，便只剩下一个虚伪和欺骗的印象了。不管修饰得多么华丽的语言，不管讲述得多么好听的话语，都敌不过一颗真诚的心，唯有真诚，才是最能打动人心的东西。

王森是某建筑公司的拆迁办主任，有一次，公司负责的某项工程在拆迁时遭遇了一些麻烦，一家钉子户怎么都不肯搬走，迫使工程不得不中途停下。一开始，王森以为这个钉子户是对价钱不满意，便示意手下人和对方谈判，表示愿意增加一定的补偿。但没想到，才刚提到钱，手下的人就被对方毫不客气地轰了出来。王森觉得很奇怪，经过一番调查了解之后才知道，原来这家的主人是一个曾经参加过抗美援朝的老兵，他所住的这套房子是当年光荣离休时政府赠予的。这位老人家认为，如果自己同意拆迁，那就是对不起党和国家。了解了具体情况之后，王森决定亲自拜访这位老兵。

星期日上午，王森敲响了老兵家的门。很快，一位面容严肃的老人家出现在王森面前，他虽然头发已经花白，但背依旧挺直，依稀还能看出军人的风姿。看到王森，老兵的脸色沉了沉，不等他开口说话，就率先说道："又是来劝我搬走的？别白费心机了，小伙子，我就是死，也得死在这儿，哪里都不去！"

见老兵说完话就打算把门关上，王森赶紧说道："您误会了，老先生。虽然我确实是建筑公司的拆迁人员，但今天我来这里并不是劝您搬走的。是这样的，我听说您是一名军人，曾经参加过抗美援朝，于是就想来探望您，和您随意聊聊，因为我爷爷从前也和您一样参加过朝鲜战役。"

听了这话，老兵迟疑片刻，随后转身进了屋，王森也赶紧跟在老兵身后走了进去。老兵带着王森进了书房，在书房的墙上，挂着许多老兵年轻时身穿军装的照片。王森环顾一圈后由衷地赞叹道："您老年轻时真是英姿勃发，一瞧就是一名强悍的军人，想必在战场上也定然是一名杀伐果断的优秀战士！"

老兵没有出声，但眼里却隐隐泛起骄傲的光辉。王森又继续说道："小时候我家老爷子就常跟我讲他打仗时的故事，那时候只觉得故事精彩，喜欢听，但不能体会老人讲这些故事时的心情。后来年纪大了，再听这些故事，感触也多了，尤其是看着老爷子每次一提当年事就眼眶含泪的样子，更是让人触动。您老经历过的故事，想必不会比我家老爷子少，我家老爷子当年从朝鲜战场回来之后就因伤退役，回到了地方，可我看您这些照片，还有步入老年之后照的军装照，可见，您为国家做的贡献比我家老爷子还要更多。这其中的辛酸，恐怕只有您自个儿能真切体会……"

　　王森的话勾起老兵的许多回忆，脸色也缓和了不少。整个上午，王森都没有提及任何有关拆迁的事情，仿佛真的只是因老兵而想到自己家乡的爷爷，特意来找他"聊一聊"似的。等到王森打算离开的时候，老兵却突然叫住了他，淡淡地说道："明天你把那些拆迁的公文带来，好好给我讲讲，让我仔细了解一下吧。"

　　最终，王森顺利解决了拆迁的事情，公司的同事纷纷称赞王森有本事，能让"顽石"点头。但只有王森自己知道，他真正打动老兵的，不是高超的谈判技巧，也不是语言上的"糖衣炮弹"，而是一颗真诚的心。那份对老兵和爷爷相似经历而引发的相同感受，让他用发自内心的真诚拉近了与老兵之间的距离，这才达成了自己的目的。

　　缺乏真诚，再美的语言只能徒有其表，无法引起别人的共鸣。虽然人人都喜欢听好话，但即便是在称赞别人的时候，你的称赞是不是"走心"，也非常重要。缺乏真诚的称赞是一种谄媚，也是一种对别人的敷衍，哪怕满嘴说的都是好话，也只会让听的人觉得空洞不已。

　　孟子曾说："人之相识，贵在相知；人之相知，贵在知心。"意思是说，人与人交往，所在乎的不是身份贵贱或年岁长幼，而是是否能相互理解。人与人之间是否能相互理解，关键就在于是否能知心、交心。而要达成这一切，关键就在于"真诚"二字。所以，请记住，再多的套路也比不上真诚打动人心，再美的语言也比不上真诚动人心弦。

话要绕弯说，忠言也顺耳

古人言："良药苦口利于病，忠言逆耳利于行。"这是在告诫我们，要有宽广的心胸和辨别是非的能力，不要因为别人劝告我们的实话不好听就和对方置气。一直以来，这句话都被许多人奉为至理名言。于是在生活中，我们常常会在受到种种挖苦与教育之后，再从对方口中听到："这些话你别不爱听，忠言逆耳利于行！"

然而，事实上，良药真的就一定得苦口吗？忠言是不是就必须要"逆耳"呢？随着现代医学的发展进步，许多良药实际上早已脱离"苦口"。瞧瞧那些包裹着糖衣和胶囊的药片药粉，既不会有良药的"苦"，也不会影响药效的发挥，甚至有的药物在经过处理之后，能够更容易地被患者服用和吸收，携带也比从前更加方便。这样的良药，难道不比那些苦涩得难以下咽的汤药更好吗？

既然良药未必一定是苦口的，忠言也完全可以不"逆耳"。我们劝告别人，目的是希望能够纠正对方的错误，让对方接受我们的建议，变得更好。既然如此，为什么我们非要咄咄逼人地挖苦或讽刺对方呢？为什么不用"糖衣"或"胶囊"来包裹那些大道理，让忠言变得顺耳动听呢？毕竟说话是个技术活儿，用不同的方式说出来，带给别人的感受是截然不同的。

历史上，许多敢于向君王纳谏的直臣，大多讲话不太好听，敢于强硬地和君王叫板，端着一副不怕死的态度，唐朝的魏徵就是其中的佼佼者。

据说有一次，唐太宗和魏徵吵完架后气呼呼地回到后宫，对长孙皇后说："朕一定要杀了魏徵那个乡巴佬！他成天就知道在朝堂上羞辱朕，让朕难堪！"听了这话，长孙皇后悄然离开，换了一身正式的朝服之后又来拜见唐太宗，并郑重地说道："自古以来，只有君主圣明，臣子才敢直言进谏。如今有直言进谏的魏徵，不正体现了陛下的圣明吗？臣妾要在这里恭贺陛下啊！"听了这席话，唐太宗的怒气也就烟消云散了。

魏徵能遇到唐太宗和长孙皇后可以说是他的大运气，否则但凡是换一个心胸不那么宽广的皇帝，恐怕魏徵的小命都不知道丢了多少次。魏徵的忠直令人敬佩，但若论话术，却远不及长孙皇后。同样为忠言劝谏，长孙皇后显然比魏徵"高明"得多。她的一席话，没有一句求情之语，却能让唐太宗高高兴兴、心甘情愿地接受劝谏，不与魏徵为难。可见，忠言未必只能"逆耳"，学会把话绕个弯儿再说出来，忠言其实也能让人高高兴兴地采纳。

人都有逆反心理。理智上说，我们每个人都明白，如果身边能有一个良师益友，在我们做事出现偏差时及时指正批评，对我们来说自然有天大的好处。但人除了理智之外，还有情绪和情感，当我们受到别人的批评与指责时，即便理智上知道对方是正确的，但情绪与情感也不可能没有丝毫的波动。如果情绪或情感产生的负面波动过大，我们完全有可能因逆反心理而失去理智，赌着一口气，在错误的道路上越走越远。

陆明是个性格刚直的人，说话从来不会拐弯抹角。刚当上经理那会儿，手下有员工犯错，他从来都是直言不讳地批评指正，不给对方留丝毫情面。当然，他也是个公私分明的人，哪怕是和自己不对付的人，也从来不会借工作便利为难对方。

按理说，陆明这样公私分明、刚正不阿的处事方式并没有什么错误，但久而久之，他还是从中发现了一些问题。就说上个月公司在盘查仓库的时候，他发现仓储记录存在一些问题，就直接在早会上把这事说了，还直言不讳地向负责仓储工作的老陈提出好几条建议，让他用心梳理一下公司的仓储记录。

原本陆明干这事也是一片好心，希望公司各部门都能把工作做得更好。但老陈却把他给记恨上了，觉得陆明这是在打他的脸，以至于在很长一段时间，老陈都和陆明不对付，有时甚至会故意给陆明下点绊子。

类似的事情已经不是第一次了。陆明也觉得很困惑，不知道自己究竟哪里做错了。后来，陆明把自己的困惑和烦恼告诉给以前的一位老领导，老领导当即就给他支了一个招，让他以后批评指正别人的时候"拐点弯儿"。

不久，陆明的秘书因怀孕而暂时离职，把工作暂时交给新来的助理小孟负责。小孟是个很勤奋的年轻人，就是做事有时会比较毛躁。比如打印文件时，小孟的打字速度非常快，但却不太注意标点符号的使用。陆明本想直接把这一点指出来让小孟注意，但想到之前老领导说的话，又改变了主意。

早上上班时，陆明在进办公室之前特意走到小孟旁边，微笑着对他说道："你打字的速度很快，工作效率很高。"听到陆明的夸奖，小孟激动得脸都红了。陆明又接着说："如果能多注意一下标点符号的使用，你做的文件就更完美了。"

之后陆明发现，小孟那几天的工作劲头很高，打印的文件上再也没有出现标点使用错误的情况。陆明这才惊觉，原来话要"拐弯儿"地说，才能发挥大效用！

赞美的话永远比批评的话要好听。所以，那些高情商、会说话的人，即便在批评别人的时候，往往也会把话"拐个弯儿"，用一种委婉的方式，将批评指正说得悦耳动听，让对方心悦诚服地欣然接受。

良药未必就得苦口，包裹着糖衣和胶囊，并不会让药效损耗分毫；忠言未必就得逆耳，道理说得好听，往往才更容易深入人心。会说话、懂说话，才能让人与人之间的关系越来越近，感情越来越深。

即便诽谤了别人，也抬高不了自己

　　但凡有人的地方就存在比较和竞争，有的人在发现别人比自己优秀时，能够正视这种差距，并通过正当的渠道让自己取得进步，向比自己强的人学习。但有的人并不这样认为，他们心胸狭隘，急功近利，当发现别人比自己强、比自己优秀的时候，就会产生嫉妒、憎恶之心，以至于在群体间对竞争对手进行诽谤造谣，试图让对方既丢脸面，又损利益。

　　事实上，后者的做法往往只会给他们带来短暂的心理平衡和满足，到头来很难真正实现自己的目的。只有像前者那样的人，才能客观地对自己和他人进行分析，让自己通过合理的方式获取应得的利益。

　　要知道，恶意诽谤他人的谎言，往往会随着时间的流逝而被击碎。事实终归是事实，当真相大白的时候，诽谤者便会曝光于光天化日之下，饱受难堪。

　　不久前，某公司新招聘了一位负责行政和客服工作的女孩，名叫安达。在安达进公司之前，她这个职位上已有好几个新招来的员工没过试用期就被开除了。而安达来了一个月就顺利转正，成为公司的正式员工，随后又在不到半年之内获得了加薪，这让在公司待了三年多却没有升职加薪的财务主管王倩很不平衡。她怎么也想不通：公司不大，本来可以将财务和行政合在一起管理，为什么要多招一个人，真是浪费。

　　当然，这些都是王倩心中的想法。表面上，她还是做出一副和蔼的样子，和安达愉快相处；生活上对这个小妹妹很是关照，经常给她带一些零食和小礼物，工作上也会主动帮助安达，并在相处过程中将一些"内部消息"告诉她。

在这种友好气氛的带动下，安达工作得更加卖力，她不但完成自己的分内工作，还在其他时间为公司联系业务。由于安达的勤勉和聪慧，她拿下了非常可观的业务量，比一般的专职业务人员所完成的任务量还要多。这让总经理对安达刮目相看，并承诺给安达更高的提成比例。

安达很开心，把这个好消息立刻跟王倩说了，想和她一起分享这份喜悦。可让安达没想到的是，王倩却对她说了一番很丧气的话："安达，老总的话可信不得，他是典型的'葛朗台'，小气着呢！说话从来不算数，就会说点好听的哄人。我还没来得及跟你透露，前两天他还跟我打听你，说你在跑业务方面这么热心，会不会是和客户达成了某种契约，然后试图对公司做什么不利的事。"

听了王倩的话，安达的脸色一下子黯淡下来。

见安达脸色大变，王倩转而安慰她说："你别太放在心上，说实话，你这么聪明能干，又年富力强，到哪儿不比这个小公司强？你是不知道，咱们老板是当面一套背后一套，我是因为年纪大些，公司离家也近，所以才在这里混了几年。换作我是你，早另谋高就了。"

经王倩这么一说，安达有所触动，但第二天她依然如往常一样认认真真、开开心心地开展工作。见自己所说的话在安达身上没有任何"效用"，王倩有些奇怪和不安起来。

一周后，王倩通过内线电话神秘兮兮地告诉安达："在我说下面的话之前，你别插嘴，只是听就行。"安达摸不着头脑，只好"嗯"了一声。王倩接着说："我昨天到老总办公室交上个月的财务报表，忽然听到老总和副总在谈论你的那份业务拓展报告，其中他们说的一些话……我觉得很有针对性……似乎是对你不满。老总说你简直不知道天高地厚，一看就是纸上谈兵……他们这是有眼不识泰山，拿着别人费尽心血做的报告评头论足，真没劲！依我看，你还是尽早离开这里吧！这样下去对你没好处。"

挂断电话，王倩心里窃喜。第二天，她见安达果然没来上班，也没有请假。于是，王倩找了个借口去了老总办公室，对老总叨叨起安达的不是："安达今天没来，也没发个短信、打个电话跟我请假。之前她跟我说过这个公司小，待遇也不高，没有发展前途，看来是想另谋高就……哎，现在的女孩子真不知天高地厚！"

老总听了王倩的话，微笑着点点头，继续问道："她还说我什么了？"王倩煞有介事地说："您可千万别往心里去，她说您……对她有想法……"

老总听到这儿，哈哈大笑起来，这让王倩一时摸不着头脑。老总接着说："哈哈，没想到你还有这套编故事的本领，更没想到我居然会对自己的闺女'有想法'。好了，下周会有一位新的财务主管接替你的职位，你把工作跟他交代一下，然后领了这个月的薪水回家吧！"

一番话让王倩从飘飘然的云端一下子跌到万念俱灰的谷底，她没想到自己对他人的诽谤不但没达到目的，反而让自己丢了工作、毁了前程。

这个社会上，总是有这样一些人，喜欢利用诽谤的手段中伤别人，仿佛试图把别人压得死死的，就能抬高自己，凸显自己的优势。他们是谣言的扩散源，以制造和传播流言为乐趣，希望以此打压比自己优秀或可能对自己造成威胁的人。事实上，这种手段不仅不能抬高自己，反而可能为自己埋下隐患，在将来的某一天，成为别人击溃你的把柄。

要知道，你周围的人其实并没有你想象得那么笨。当你的诽谤被击破，你在群体中的地位就会一落千丈，之后恐怕也就很难翻身了。毕竟不会有人喜欢四处散播谣言的"广播站"站长，尤其是那些被你编排诽谤的受害者。最终，造谣诽谤不仅不能给你带来任何好处，反而还可能让你落个不仁不义、不可信赖的坏名声，这岂不是得不偿失吗？

古人说得好：流言止于智者。我们无法阻止别人制造和传播流言，但可以约束自己的嘴，不让自己成为流言的制造源或传播者。流言传来了，我们就将它封杀并彻底清空，这不仅是一种修养，更是一种智慧。

Chapter 2 / "蜘蛛"人脉网
——广撒人情，步步为营

　　编织人脉就像蜘蛛结网，除了要选好地方外，还得做好计划，步步为营，这样结出的网才能又大又结实，不容易被损坏。蜘蛛的网靠吐出的丝来维持，人脉的网则靠人情的播撒来支撑。广撒人情，才能广建人脉，步步为营，才能让人脉网络发挥出最大的效用。

步步为营，编织自己的人脉网络

你身边或许有这样一种人：他们能力超群，知识渊博，才华横溢，却也因为这样，他们总是习惯摆出高高在上的姿态，无法和周围的人融洽相处。与此同时，他们常常和成功擦肩而过。

成功的必备条件究竟是什么？很多人想必都曾思考过这个问题。曾培养出无数成功人士的哈佛大学商学院曾就这个问题做过一项调查，结果显示：在那些事业有成的人士中，26%的人靠的是卓越的工作能力；5%的人靠的是显赫的家庭背景；69%的人靠的是广博的人际关系。可见，想要成功，仅仅拥有优秀的能力或背景远远不够，还要懂得维护自己的人际关系，创建人脉网络，这样才能真正从茫茫人海中脱颖而出，获得耀眼的成功。

去年年底，王程的公司和竞争对手公司都打算要争取某上市公司一笔价值200万元的大订单。当时，王程原本一直都胸有成竹，毕竟他们公司经营门市的经验远远胜过竞争对手，市场反馈一直非常不错，早已营造了一定的口碑和名气。况且，在与该上市公司接洽的过程中，对方老总曾多次亲自打电话过来询问王程关于他们公司的销售问题。种种迹象表明，他们拿下这单子估计已经是板上钉钉的事了。

王程有这样的自信也不奇怪，毕竟那家竞争对手公司虽然实力雄厚，但在设立门市方面尚且还算新手，没有完全打开市场，根基较浅。但出人意料的是，到最后，王程没能拿下这个单子，那家上市公司居然选择了和怎么看都不占优势的竞争对手公司签了约。

原本王程在公司一直深得老板器重，老板也打算等他拿下这个单子之后就把他提到经理的位置，可没想到，明明十拿九稳的生意，最后却在王程手里丢了！这事之后，老板虽然没有责罚王程，但显然对他不再像从前那样重视了。这让王程感到十分挫败，也成了王程心里一个难解的结。

一个偶然的机会，王程在一家酒吧偶遇自己的中学同学，当时这位同学正和几个朋友在一块开生日宴。同学见到王程很是高兴，在得知晚上就他自己一个人吃饭后，非把他拉了过去一块庆祝。交谈间王程得知，和这位同学一起庆祝生日的一个年轻女孩，居然就是那个从他手里抢走那个大订单的竞争对手公司当时负责洽谈的人。

几杯酒下肚，王程终于忍不住探究地看着那个女孩问道："林小姐，我一直觉得很好奇，你究竟是怎么拿下那个订单的呢？听说你只是拜访了那位公司老总两次，居然就能成功地说服他选择你们公司，实在是太厉害了！"

女孩笑道："虽然只是拜访两次，但为了这两次的拜访，我可花了不少时间准备呢！第一次拜访，我足足花了三天时间，把每个部门都拜访了一遍，并给每位员工带了小礼物。不过可惜，那次正好碰上老总出差，没能见到他。不过很幸运的是，我从他的一位助理那里打听到他出差时下榻的酒店，并立即联络酒店方面，让他们帮忙送了一个花篮和当地有名的一些小吃糕点去老总的套房。这次拜访还帮我收集到不少信息，比如老总喜欢听音乐剧，我把这个消息告诉我们老板，然后我们老板就找机会亲自拜访了那位老总，并邀请他一起欣赏音乐剧。第一次的拜访让我们赢得那家公司大部分员工的好感，而第二次的拜访则拉近我们老板与那位老总的关系。后来，这笔订单也就很顺利地搞定了！"

听完女孩的话，王程心中甚是感叹，对方步步为营地编织了这样一张人脉大网，他也算是输得心服口服了。

这是一个人脉的时代，无论你从事什么行业，人际关系都是一个重要的课题。不管你做什么、怎么做，都避免不了要和形形色色的人打交道。很多时候，在与人打交道的过程中，你所能从对方身上获得的东西，往往可能比你自己单打独斗所获得的东西有用得多。就像王程，他之所以失去那笔订单，并不是因为他在工作方面有任何疏漏或懈怠，而是因为他忽略了人脉网络的影响力，败了人际关系上。

创建人脉网络就好像蜘蛛编织一张大网一样，需要一定的技巧和策略。只有选择好合适的人，建立好稳固的关系，才能真正成功地建立属于自己的人脉网络。毕竟我们每个人的时间与精力都是有限的，不可能漫无边际地建立无数关系，不懂取舍只会让自己变得越来越疲惫，越来越力不从心。

人脉网络的建立，关键在于质量而不是数量。一条优质的人脉网络，可以为我们带来的助力是难以想象的，而一条劣质的人脉网络则不仅无法给我们带来助力，有时甚至可能会添麻烦、拖后腿。但在建立和维护这些人脉关系时，我们所需要付出的时间与精力却可能相差无几。

所以，为了保证人脉网络的质量，在建立人际关系的时候，我们要懂得取舍。比如，在与人建立交往关系之前，应当进行一个粗略的分类，划分出哪些人比较重要，哪些人不太重要，然后根据自己的需求构建所需要的人际关系网络。只有学会理智思考，步步为营，才能编织起一个真正能够为我们提供助力的优质人脉关系网。

找出你的人脉网中不可或缺的人

人脉的建立，重质不重量，有用的人脉，哪怕只有一条，也能在关键时刻帮你抵挡住千军万马；而无用的人脉，哪怕有千万条，遇到危机时也只会树倒猢狲散。因此，想要拥有强大而有用的人脉网络，在建立人脉关系时，我们就要懂得挑选，有所取舍，牢牢抓住人脉网络中不可或缺的人。

有人说过这样一句话："衡量一个人能力的大小，最重要的一个指标就是看他生活半径的大小。"这里所说的"生活半径"，说到底其实就是人脉的一个体现。那么，是不是生活半径越大，意味着机会越多，资源越多，能力也越强呢？事实上，这种说法有一定的道理，却也并非完全正确。

生活半径越大，意味着你接触到的人越多；你能够接触越多的人，也就意味着你能获得更多的人脉关系。如果按照平均的百分比推测，你可能建立的优质人脉关系自然就会比较多。但问题是，建立或维系一段关系需要付出时间、精力以及金钱，我们如果把过多的时间、精力和金钱消耗在无用的人脉关系中，又哪里来多余的精力维系真正对我们有所助益的关系呢？所以，还是那句话，想要建立优质的人脉网络，我们就得有目标、有计划地找到那些真正重要的人，将有限的时间、精力和金钱投注到更有用的地方，而不是漫无目的地广泛"撒网"，消耗自己的能量。

陆芳性格开朗，做公关工作，负责某时尚品牌在国内的宣传，因此她和媒体圈的关系一直非常好。她的手机通讯录几乎囊括了全国叫得上名号的媒体从业人员的电话号码。

每到逢年过节，陆芳的手机就没个消停，有时一顿饭的时间，就得回十来条短信。甚至连过生日的时候，她都能收到不少联系较为紧密的媒体从业人员从全国各地发来的祝福信息。当然，陆芳也是个非常懂得投桃报李的人，每次有品牌试用品，她都会优先想起那些和她关系不错的媒体朋友。

前年，因为怀孕生子的关系，陆芳辞去了高强度的媒介主管工作，决定先在家安心养胎待产。离职之前，陆芳按照行规办理好了一切交接手续，还把自己手头上的所有媒介资料交给了接任她的新人，对所有媒体名录上的人发了信息和邮件，通知他们自己离职的消息，并向这些媒体从业人员介绍了接替她工作的新同事。

起初的一个月，陆芳还能陆陆续续收到一些慰问的短信或电话，大家在嘘寒问暖一番之后，往往都会问陆芳一句，有没有找好"下家"，而陆芳都会告诉对方，自己打算在家休息一段时间，至少等孩子满周岁之后再考虑继续工作。到半年之后，陆芳那个原本常常响起的电话铃声渐渐变得零星，大部分是家人和朋友打来的。

后来，孩子满周岁之后，陆芳决定重新出去工作。本以为曾经怎么也算是"高朋满座"，想要重新回到从前的辉煌应该不是难事，可真的打算调动这些人脉时，陆芳才真切感受到什么叫"人走茶凉"。好在陆芳有着优秀的职场履历，加之同学会上巧遇了一位从事媒体行业的老同学。在这位老同学的引荐下，陆芳顺利地和一家知名的公关公司搭上线，被聘为品牌总监。

经过这件事情之后，陆芳深有感触，不再像过去那样无差别地拓展人脉关系。她开始学会合理分配精力，并对自己的人脉进行了分类，把更多的精力花费在那些真正值得结交的、不可或缺的人身上，优化人脉关系网络。

生活中，我们每天都会接触到许多形形色色的人，有的人看似与我们关系亲近，但实际上，不过只是表面过得去的泛泛之交罢了，完全没有任何更深层次的交流或情感共鸣。这样的人，在我们真正需要帮助的时候，基本上是不可能提供任何助力的。只有那些能够与我们产生共鸣、有深层次的交流、愿意分享有用信息的人，才能真正成为我们在关键时刻的助力，也就是所说的"优质人脉"。只有这种优质人脉，才是人脉网中实实在在的中坚力量。

有人可能会说：这样做会不会显得太功利了？什么都要算计，什么都要计较，哪里能交到真心的朋友？

如果你这么想，那就大错特错了。建立人脉与单纯地交朋友是两个完全不同的概念。交朋友是人脉网中包含的一个方面，但我们与人交往，所建立起的关系不仅仅只有"朋友"这一种。更何况，哪怕是交朋友，我们也应当有所甄别和挑选。"近朱者赤，近墨者黑"，交什么样的朋友，对我们未来的成长和发展，也有很大的关系。

人脉是我们走向成功最重要的资本之一。建立人脉网和做投资，其实是一样的，每条人脉就像一个投资项目。有的项目拥有巨大的潜力，投入一分就能让你收获十分；有的项目则可能潜力平平，投入与收获勉强持平；还有的项目则完全是一个大"坑"，投入得越多，亏得就越多。

我们做投资，最终目的是为了得到丰厚的回报，所以一定要仔细甄别，选择最合适的项目；我们建立人脉，则是为了增加自己的资本，同样需要学会甄别和计划，这样才能从茫茫人海中找到那些真正值得我们投资的人脉，让人脉网上的每条脉络都能实现最大的价值。

诚恳是开启人心最好的钥匙

与人交往，最关键的是要能打开他们的内心，只要你能打开对方的内心，让对方从心底里愿意接受你、认可你，你们之间的关系也就建立起来了。要想开启人心，最重要的那把钥匙就是——诚恳。

罗马大诗人薛莱士早在公元前一百多年就说过一项做人的原则："有人来关怀我，我当然也会对他关怀。"人与人的交往就是如此，想要真心，你便要付出真心，想要别人喜欢你，你就得先学会用诚恳的态度对待别人。

在某公司的一场招聘会上，两个非常优秀的女孩一路过关斩将，成为最后的胜利者，但公司只招聘一人，这让考官甚是为难。两位女孩毕业于同一所大学，个人履历极其相似，可以说不相上下。在做出最终抉择之前，主考官分别和两个女孩进行了一番简短的谈话，最终名叫安雪的女孩成为最后的赢家，获得了这个职位。

另一名女孩名叫朱莉，和安雪也算认识，在得知安雪打败自己被公司录取之后，心中颇有些不甘，实在不明白自己究竟哪一个环节出了错。为了寻找答案，朱莉特意给主考官打了一个电话，询问自己落选的原因，而主考官给出的答案也让朱莉感到十分惊讶。

那天，主考官在最后和安雪及朱莉的谈话中，都问了她们同一问题：是什么让你选择这家公司？

事实上，这个问题几乎是每个公司在招聘时都会询问面试者的，大家的答案基本上也相差无几，要么谈一谈对企业文化的欣赏，要么夸一夸公司品牌的影响力，要么展望一下未来的发展前景和个人理想。朱莉也不例外，并且还聪明地在自己的答案中透露出对该公司旗下经营项目的了解。只有安雪给出一个与众人截然不同但又非常实在的答案："公司给出的薪水最高，对于我这样一个即将毕业独立走上社会的大学生来说，如何生存下来，站稳脚跟，才是目前最重要的。至于未来能够发展得如何，与公司是否能够长远地合作下去，还要看以后在工作中的磨合情况。"

这个答案让主考官很是吃惊，但偏偏正是这个毫无修饰、极为诚恳的答案，让主考官选择了安雪。

这样一个问题根本不存在什么标准答案，甚至说哪个答案更好，完全由主考官的个人偏好所决定。朱莉的答案非常聪明，但安雪的答案却显然更加真实，而这份真实恰恰是其他人不敢直接展示出来的。于是，这个独特的答案，这份可贵的诚恳，最终打动了主考官。

诚恳的态度是人与人交流的基础，如果缺乏诚恳，不管你拥有多么好的口才，也难以赢得别人的好感。试想，如果你身边有一个人，非常会说好听的话，但你在他的身上却感受不到丝毫的诚恳，从他的眼睛里也找不到丝毫的信任，你还会信任这个人、和这个人建立亲密无间的友谊吗？只要你的头脑尚且正常，恐怕没有任何人会相信一个连真诚都不肯付出的人。

凡是一流的政客或商人，在打算争取重要人物的支持或认可时，往往都会先花时间、下苦功地观察和了解他们所要结交的对象，知道他们擅长什么、喜欢什么、在意什么，然后再以最诚恳的态度对其所骄傲的事物进行赞美。他们很清楚，赞美的话语再好听，若背离真实或缺乏发自内心的诚恳，不过是虚伪的阿谀谄媚罢了。要想开启人心，我们就得将诚恳的钥匙握在手心。

德皇威廉二世因挑起战争而遭到全世界人民的痛恨、斥责，甚至连德国民众也纷纷对他表示谴责。后来，威廉二世避居荷兰，一直过着深居简出的日子。

某天，威廉二世突然收到一封信，是德国的一个小男孩写的，他在信中说道："不论别人如何谴责你、咒骂你，你都依然是我心中最敬爱的威廉大帝！"

简短的几句话，甚至连美丽的修辞都没用，但却让威廉大帝感受到了小男孩的诚恳，让他心中很是触动，于是便向这个小男孩发出邀请，让他到自己的家中做客。

接到威廉二世的邀请之后，小男孩的母亲很快就陪同他一块到了荷兰，专程与威廉二世见面。后来，威廉二世还和这位年轻的母亲发生了恋情，两人很快就结婚了。瞧，哪怕是像威廉二世这样不可一世的国王，最终也被诚恳这把钥匙开启了心房。

约翰·安德森是美国著名的心理学家，他曾做过一项调查：在一张表格里填了500多个描写人的形容词，并邀请6 000余名大学生，让他们从这500多个形容词里找到他们最欣赏的做人品质。调查结果显示，在所有的形容词中，"诚恳"这一项得到了人们的最高评价。此外，得票最高的8个形容词中，6个与诚恳有关，包括诚恳、诚实、忠实、真实、信得过、可靠。

可见，每个人的内心其实都渴望能得到他人的诚恳以待。日本著名的佛学大师池田大作这样说过："一个待人真诚的人，不管有多少缺点，当你与他交往的时候，都会感到清爽。而这样的人，相信一定能够幸福，并在事业上有所成就。"

所以，请记住，诚恳是最宝贵的财富，也是开启人心最好的钥匙。金钱或许能让你受到别人的艳羡，优秀或许能让你得到别人的仰望，但唯有诚恳，才能让你获得别人的真心与尊重。

有来有往，人情需要维系

有人说，这世上最难还的债，就是人情债。在现实生活中，有的人为了避免欠下人情债，总是会尽可能地避免麻烦别人。自强自立，这种想法固然没有问题，但如果只是为了避免"欠人情"，而非得和周围的人把什么都算得清清楚楚，对彼此之间的情谊实际上也是一种伤害。要知道，任何一种感情都需要维系，有来有往，才能长久。

一位女士和丈夫结婚已经八年了，小两口一直住在婆家，但每次提及婆家，这位女士依然会习惯性地称作"他们家"，而不是"我们家"。

这位女士说，婆家的人对她很好，一直客客气气的，公公婆婆从来没有刁难过她，甚至有时候遇着麻烦事，明明她就在近前，也只会去找丈夫和小姑，不愿意轻易麻烦她。就说上一回，丈夫出差不在家，公公外出访老友去了，婆婆半夜里不小心摔伤腿，居然没有向睡在一墙之隔房间里的她求助，而是打电话给小姑，让小姑开车过来把她送去医院。她是直到第二天下班回家之后，看到包着腿的婆婆才知道了这件事。

公公婆婆的客气，让这位女士在生活中省去很多麻烦，但也处处透着一股疏离，这种疏离让这位女士在那个家中始终找不到归属感。

很多时候，客气往往就意味着疏离。生活中，每个人想必都有所体会，当面对陌生人的时候，我们往往会习惯性地表现出客气礼貌的一面。只有在面对相熟亲近的人时，我们才会真正地放松，甚至表现得有些"厚脸皮"。所以，当我们因为害怕"麻烦"别人，害怕欠下人情债而让自己独立在人群之外的时候，其实无异于在自己的周围竖起一道壁垒。这道壁垒阻拦住的，不仅仅是难以偿还的人情债，更是彼此的情谊。

人脉需要人情来维系，有来有往，人情才能长久。如果彼此之间划分清楚，你从不麻烦我，我也绝不主动向你开口，久而久之，人情自然也就淡下来了。当然，俗话说得好，亲兄弟也要明算账，人情往来同样如此。有往自然要有来，如果一方总是不断付出，却收不到任何回报，不停索取，却从来不考虑付出，人情同样无法长久。

古人言："投之以木瓜，报之以桃李。"这就是在告诉我们，和人交往，应当讲究一个礼尚往来，既要懂得付出，也要得到回报。掌握好礼尚往来的度，不仅能够帮助我们拉近彼此间的距离，实现互惠互利，更能打通并维持人脉关系。

需要注意的是，所说的礼尚往来，并不一定就特指物质上的东西。这种"礼"可以是一句赞美的话，可以是对对方发自内心的钦佩与尊重，甚至可以只是一份美好的祝福。礼尚往来，关键在于"往来"二字，你往我来，你来我往，人与人之间的感情往往就是在这样的来往中逐渐建立并加深的。

《纽约时报》的主编怀特罗·利德就是个深谙礼尚往来之道的聪明人。有一段时间，因工作需要，利德需要聘请一名能干的助理编辑。虽说只是助理编辑，但利德的要求可不低，他希望这名助理编辑有足够的能力，可以成为他在事业上最重要的左右手。

事实上，利德心里早已有了一个理想的人选，是一个名叫海·约翰的年轻人。当时，海·约翰刚刚从西班牙的首都马德里回来，并计划前往伊利诺伊州做律师。也就是说，如果利德想要聘用海·约翰，让他成为自己的助理编辑，他就必须打消海·约翰想要去伊利诺伊州的念头，让他改变计划。

那么，利德是怎么做的呢？

利德非常聪明，当他知道海·约翰已经有了自己的计划和打算之后，并没有贸然地向海·约翰提出邀请，让他放弃自己的想法，而是热情地邀请海·约翰一起共进晚餐。晚餐结束后，利德又邀请海·约翰一同到报社参观。在参观过程中，利德突然收到一条非常重要的消息，但当时负责新闻的编辑正好外出，利德便顺势提出，希望海·约翰能帮他写一篇关于这条消息的社论。有了之前的种种铺垫，海·约翰自然不好意思推脱这个小小的请求。事实证明，海·约翰确实非常优秀，他的社论写得非常棒。借由这一契机，利德继续邀请他帮忙写了几篇稿子。最终，在利德潜移默化的影响下，海·约翰放弃了回乡的计划，留在纽约做了一名新闻记者。

利德非常聪明，要是当初他直接向海·约翰发出邀请，那么可想而知，成功的可能性非常小。在没有任何交情的基础上，海·约翰怎么可能为了一个不确定的未来就放弃自己计划许久的事情呢？于是，利德从一顿晚餐开始，一步步接近海·约翰，在人情的往来之间和海·约翰建立起一定的信任，一步步引导海·约翰体会到新闻记者这份工作能够为他带来的成就感和胜利滋味，最终留住了海·约翰。

人与人之间的信任和交情就是这样建立起来的。我帮你一点，你帮我一些，有来有往，才能让人情维系下去。不论是单方面的付出或索取，还是过分地"独善其身"，都只会将身边的人越推越远。所以，不要害怕麻烦别人，当然也不能把麻烦别人当作理所当然的事，有来有往，人情自会越来越深。

不愿同甘，谁肯和你共苦？

与人建交，最理想的状态莫过于四个字：同甘共苦，既能在苦难中相互扶持、不离不弃，也能在富贵时共享成就、携手同甘。然而，在现实生活中，总有很多人一心指望别人能与自己共苦，却在获得富贵和成就之际又舍不得与人分享。可若你不愿同甘，谁又会肯和你共苦呢？

在我们周围，只能共苦却无法同甘的例子比比皆是。许多相交甚笃的朋友，一起合伙打拼事业，在困境中互相鼓励、互相扶持，却在小有成就之后，因为利益的分配而大打出手，从此陌路。许多原本恩爱的夫妻，在贫苦时能相濡以沫，不离不弃，却往往在富贵之后渐生隔阂，愈行愈远。许多血浓于水的亲人，在困难时可以一起奋斗、一起拼搏，却偏偏在顺遂之后变得锱铢必较、相互攀比……说到底，这都是自私在作祟。每个人都想得到最好的，都不肯吃半点亏，妄图独占荣誉，矛盾和隔阂便这样一点点滋生。

有一位姓赵的大老板，没有多少文化，家庭背景也很普通，但生意做得很大，业内的人缘也非常好。但凡认识这位赵老板的人，或是与之有过合作关系的生意伙伴，提起他都是赞不绝口。

赵老板有个侄子，名牌大学毕业，妥妥的高材生，有才有貌，在学校的时候就是风云人物。毕业之后，侄子以精彩的履历顺利被一家国际大企业录取，并很快成为部门里的小组负责人。

赵老板的这个侄子绝对称得上青年才俊，履历漂亮，能力更是让人惊艳，但唯独有个问题，那就是人际关系不太好，身边留不住人。因为这个问题，赵老板的侄子屡屡错过升职机会，毕竟对一个领导来说，除了优秀的个人能力外，还得具备优秀的领导力和凝聚力，这恰恰是侄子所缺少的。

为了找到自身存在的问题，侄子特意找了个机会拜访赵老板，希望叔叔能给自己"指点迷津"。听完侄子的倾诉之后，赵老板笑着问了侄子一个问题："你知道为什么那些跟我一起做过事情的人，都喜欢跟着我做事情，愿意跟着我做事情吗？"

侄子想了想，犹疑地说道："人格魅力？"

赵老板笑了起来："哪门子魅力不魅力的，简单地说就是我够大方，愿意和他们分享成果。跟合作者分利的时候，我让他们拿大头；跟下属论成就的时候，我让他们收获荣誉。跟着我，永远不会吃亏，这就是原因。"

听了赵老板的话，侄子若有所思地离开了。年底的时候，侄子所带领的小组成功完成一个重要项目，公司专门为他们摆了庆功宴。侄子意气风发地上台发表讲话时，突然想到赵老板之前对他说的话。他的目光扫视全场，在一个不起眼的角落里看到自己带领的小组成员，他们正聚在一块，百无聊赖地说着什么，就好像这场庆功宴与他们毫无关系一般。侄子想了想，突然拿起话筒郑重地说道："这个项目能够成功，是我们小组全员努力的成果。马兰，你的数据分析做得非常优秀，让我们少走很多弯路；田程程，虽然你总说自己在小组里是个打杂的，但要是没有你忙出忙进地处理那些琐碎的事情，我们可真是要头大了；李卫东，尤其是你，连续加班一个多月，身体都要熬垮了，得好好休息了……"

听着侄子一个个点出小组成员的功绩，现场响起雷鸣般的掌声。这次宴会结束之后，令侄子感到意外的是，平时对他总是不冷不热的几个同事居然开始主动和他打招呼了。还有，听说一直有调组意向的一名员工，最后居然也留了下来。感受着周围一点一滴的变化，侄子突然明白赵老板对他说的那番话。有时你得学会分享成就和荣誉，只有这样，那些和你一同奋斗、一块共苦的人，才会继续心甘情愿地跟随在你身后打拼。

付出是为了得到，这是亘古不变的真理。我们付出努力，为的是终有一日能够有收获，可如果只有不断付出，却始终得不到任何肯定与回馈，谁还会愿意继续付出，把自己的时间和精力投入永不见底的"黑洞"呢？就像赵老板的侄子，他无疑是优秀的，但任何一个项目，仅仅凭他一个人，也是不可能完成的。之前他的身边总是留不住人，就是因为他不懂得分享荣誉，一个人独享所有的掌声和称赞。当他学会将成就与荣誉分享给每一个与他并肩作战的伙伴时，他所付出的其实不过就是几句赞扬的话语而已，却会收获到同事们对他的好感与善意，甚至是衷心的追随。

人生中的许多事都是如此，你希望别人为你付出，就必须让别人能够得到。只有当你愿意和他人同甘时，他人才可能愿意和你一起共苦。没有谁注定就欠了谁，更没有谁天生就该为谁牺牲或付出。一段关系要想长久，必须遵循"等价交换"的原则，只有付出之后得到相应的收获，下次也才可能继续心甘情愿地付出、受苦。

学会分享，好人缘自然来

古人说："滴水之恩，当涌泉相报。"可见，人都是有感情的动物，接受了别人的好，自然会萌生对别人好的想法。人与人之间的感情，就是这样一步步建立起来的。换言之，如果我们能对身边的人多一些关怀、多一些帮助，就很容易让他们对我们产生非常好的印象。

不管是在生活还是职场中，有人投之以木瓜，对方自然会报之以琼琚。人生有不如意的时候，每个人都会遇到困难，别人需要帮助时，请不要吝啬你的双手，这样在你遇到危难的时候，别人才不会袖手旁观。

处在社会，我们不再是单一个体，更不会茕茕孑立、形影相吊，每天都会接触各种各样的人，和不同的人合作。我们要做的就是学会与人分享，不管是心情还是经历。如果你愿意把自己内心深处的东西与人分享，别人就会把你当成"自己人"，你就会多一个朋友，多一个援手。

孙强是一家公司业务部门的主管，他每次看到同事时总是板着脸，如同石膏像一般，面无表情，非常严肃。员工看到孙强总是避而远之，不是不想，而是不敢靠近。孙强给员工布置任务的时候，员工总是没有任何意见就服从，但是结果往往大有出入。

刚开始的时候，孙强觉得摆出一副冷峻表情，更能让员工感觉到自己的威信，但时间一长，他发现自己的刻板损害的不仅是员工的利益，更是公司发展的长远利益。于是，孙强决定调整自己，把工作经验与员工分享，积极听取员工的意见，一起总结工作得失，相互促进、共同发展。

这样一来，公司内部变得团结起来，拧成一股绳，上下一心，其力断金。

一根筷子，我们都能掰断，但是十根筷子、一百根筷子呢？一个人的力量极其渺小，众人的力量才是最强大的。孙强正是领悟到这个道理，才放下架子，学会了分享，从而把公司上下团结到了一起。

很多人以为，职场是一个充斥各种利益关系的场所，各走各路才是金牌准则。但事实上，正因职场到处是利益纠葛，行走中才需要更强大的力量。这种力量仅仅依靠个人显然是不行的。想要成功，想要占据一席之地，你就得学会分享，建立人脉，蓄积力量。

我们所说的分享，不单单只是经验或者是快乐，更是一种人情。多去分享，就会多积累到人情，这样我们的未来才能"众人拾柴火焰高"，实现大的发展。每个人都是一个鲜活的生命，多去分享，我们的人生才会变得鲜活，影响到身边的人。

每个人都有自私的心理，但这并不代表自私就是人生的主旋律。其实，分享才是人生的主旋律。聪明的人不会吝惜自己的经验，也不会吝惜自己取得的成果，他们知道，自己能够取得今天的成绩，是依靠众人的力量，而分享则能让成功一直持续下去。

甲和乙是很好的朋友。有一天，两人一起走在林荫小路上，边走边说，非常开心。

突然，甲在草丛中发现一样东西，因为阳光的照射，它闪着耀眼的光芒。甲非常好奇，走过去一看，竟然是一把新斧头。甲非常高兴，就对乙说："你看，我捡到了什么？"甲边说边把斧头晃了晃。

乙说："这下好了，我们有一把新斧头了！"

乙非常高兴，但是甲却说："不要说'我们'，而是'我'。"

甲本来兴奋的心情马上变为不满，乙也感到甲情绪的变化，开始沉默不语。

甲和乙继续向前走，再也没有刚才的谈笑风生了。没过多久，丢斧子的失主从他们的身后追了过来。

甲长叹了一口气："这下看来，我们要遇到麻烦了！"

乙听了之后说："别说'我们'，是'你'遇到了麻烦。你刚开始捡到斧头的时候，并没有说是'我们'捡到的斧头。"

朋友之间显然更要注重分享，锱铢必较只会让你的路越走越窄。有时候，过多的计较反而会让你失去身边的朋友，只有胸怀大爱，不吝啬、不计较，才能收获友谊，收获信任，进而收获别人的帮助和配合，让自己一步步奔向人生的成功之旅。

与朋友分享快乐，一份快乐就会变成两份；与朋友分享悲伤，一份悲伤就会被两个人分担。分享是生活的智慧，是社会的良性循环。不懂得分享的人，必然会沦为孤家寡人，等到自己出现困难无法解决时，再也不能指望别人帮助自己解决问题了。大方一些，多分享一些，我们才能看到更广阔的天空。

分享是恩惠，能让每个人都得到好处。这就好像佛教中的布施，能够帮助人们广结善缘。每个人都难免会有困难，这时如果有人愿意搭把手，困难或许很快就能度过。可如果是毫不相干甚至彼此关系交恶的人，又怎会愿意给你搭把手、帮你一把呢？这个时候，好人缘的重要性就体现出来了。

试想，如果你平时就是个乐于分享的人，自然能够得到别人的认可与亲近，拥有好的人缘。当你需要帮助的时候，还会担心找不到人愿意伸出援手吗？所以，人一定要学会分享，乐于分享，唯有懂得分享的人，才能拥有好人缘，建立自己的人脉。

中国人有句话叫"众人拾柴火焰高"，说的不单单是团结的力量。换一种角度，这更是分享的力量。我们分享光明，不仅能照亮自己，更能照亮别人，也会照亮公司未来发展的美好前景。

平时不"烧香"，临时去哪里"抱佛脚"？

中国民间有句俗语："平时不烧香，临时抱佛脚。"意思说的是，那些临事用人的人，平时装作没事人，到需要人家帮忙的时候就去套近乎。其实，这样的人往往难以得到别人的帮助，通常都是不得不自己面对当下的困境。他们没有长远的眼光，不懂得"平时多烧香，急时有人帮"的道理。

他们不知道，在生命的旅途上，每个人都会遇到沟沟坎坎。倘若平时我们多帮助别人，在我们面对困境的时候，说不定就会有一双援手伸过来，拉我们走出生活泥淖。如果平时面对别人的求助置若罔闻，等到自己需要别人帮忙的时候，别人自然不会向我们伸出援手。

就像你去求神拜佛一样，平时不烧香，等临时需要的时候，又去哪里"抱佛脚"呢？毕竟普天之下的信徒这么多，神佛不可能都能照顾过来，相比一个平时就不怎么"烧香"的家伙，哪怕是满天神佛，恐怕也更乐于照顾那些平时就贡献颇多、虔诚参拜的人吧！

很久以前，一只迷路的鹦鹉，当它和家人走散后，找不到回家的路了，只得暂时栖息在山林中。山林中的百鸟和众兽，都是和睦相处，对外来的客人也是十分友爱。

鹦鹉得到众鸟禽的热烈欢迎，大家希望它能永远留下。受到这样的礼遇，鹦鹉感动地说："你们快乐相处的情谊使人太感动了！说实在的，我真想留下来在你们这儿生活，但我自己有家，也有伙伴，不忍离开它们，不能不回去呀。"

于是，鹦鹉做客数日，在一个阳光明媚的日子里，一点点循着家的方向飞走了。

　　就在鹦鹉走后不久，众鸟禽所在的山林突然起火，火势熊熊，火光冲天。鹦鹉在高空中见到了，想到友善的伙伴们大祸临头，对这惨状万分焦急。它不顾一切，飞到河边，用双翅蘸满水再飞到山林上空，把翅膀上的水洒下来。如此快速地来回飞腾，不知有多少回，疲劳极了，但它毫不松懈！

　　这壮举被出巡的天神见到，惊讶道："鹦鹉，你好愚蠢呀！你翅膀上的这一点点水，能起什么作用呢？难道你不知杯水车薪、远水救不了近火吗？像你这般疲劳往返，不顾自己性命，能扑灭得了这山林中的烈火吗？"

　　只见鹦鹉流着泪道："我也明知不能，但这山林中的同伴太好了。我曾客居过它们那里，它们待我亲如一家人。现在他们遭到大难，我能忍心坐视不救吗？我只有尽心尽力来救它们！"

　　听了鹦鹉的话，天神十分感动，随即使出神术降下大雨，帮助鹦鹉灭火。片刻，大火被扑灭，山林中的生灵们得救了！

　　这个故事是在告诉人们，当别人身陷困境时若能伸出援手，那么当自己遇到困难时，对方也会"知恩图报"。毕竟人是情感动物，心中自有亲疏远近之分，在有选择的情况下，比起一个陌生甚至是厌恶的人，人们更愿意将援助之手伸向自己亲近或有好感的人。

　　付梓雄在一家民营企业担任董事长，他的交际手腕高人一筹。

　　几年前，付梓雄就承包几家大型电器公司的工程。他没有像其他企业老板那样"丝毫必争"，而是不断对这些公司的重要人物施以小恩小惠。不仅如此，付梓雄对这些公司的重要人物和年轻的职员也常常殷勤款待。

　　明眼人都知道，付梓雄此举绝非无的放矢。事前，他总是想方设法地将电器公司内各员工的学历、人际关系、工作能力和业绩做一次全面的调查和了解，认为这个人大有可为，以后会成为该公司的要员时，不管他多年轻都尽心款待。这位董事长这样做的目的，是为日后获得更多的利益做准备。他明白，十个欠他人情债的人当中，九个会给他带来意想不到的收益，自己现在虽然会损失掉一部分利益，但日后必定能加倍收回。

所以，当看到自己早就"相中"的某位年轻职员晋升为科长时，付梓雄便立即跑去庆祝，赠送礼物。年轻的科长，自然倍加感动，无形之中产生感恩图报的意识。董事长却说："我们企业有今日，完全是靠贵公司的抬举，因此，我向你这位优秀的职员表示谢意，也是应该的。"

如此一来，当某天这些人升任公司的处长、经理等要职时，自然不会忘了付梓雄曾经的恩惠。因此，在行业竞争非常激烈的时期，不少承包商倒闭了，而付梓雄的公司却仍旧生意红火，当然和他平时对关系的投资密不可分了。

不能不说，故事中的付梓雄的确是个善于放长线、钓大鱼的主儿，让我们很容易嗅到他作为"老姜"的"辣味"。

其实，这也揭示出在人际交往过程中，我们一定要有长远目标，该"投资"的时候不要吝惜，这样平时积累的"香火"多了，等自己需要时才会有更多的人来帮忙。

物理学中说："力的作用是相互的。"其实，人与人之间的作用也是相互的，你帮助别人，别人自然会帮助你，其实也是在帮助你自己。孙悟空帮唐僧去西天取经，最终被封为斗战胜佛；鲁迅将麻木的中国唤醒，一直受万人敬仰；诸葛亮帮刘备打天下，最终名垂千古……诸如此类的例子举不胜举，无不表明"晴天留人情，雨天好借伞"的道理。

在生命的旅途上，每个人都会遇到沟沟坎坎。倘若平时我们多帮助别人，那么在我们面对困境的时候，说不定会有一双援手向我们伸来，拉我们走出生活的泥淖。

善用人脉：与众人合作，找贵人帮忙

通往成功的大道上，人脉究竟能给我们带来多大助力？

美国心理学教授曾做过一项研究，采访了2 000位百万富翁之后发现，这些百万富翁的共同特点是拥有庞大的人际关系网，他们可以辨别出所认识的人中对自己有利的，或是在将来能够提拔自己的人。有了这个庞大的人际关系网，他们总能在有需要时第一时间找到助力，或抓紧一切机会"瞄准"伯乐，让他们一下子记住自己。

在这个时代，成功与人脉息息相关。随着社会的进步，职业分工越来越细微。在这种状况下，如果不善于同他人合作，仅凭自己的力量，很难圆满完成工作，实现职业理想。所以，无论是在生活上还是在职场中，人们都应善于与人合作，坚持共赢原则，这样才能让自己平步青云。

当然，仅仅这样还不够好，如果再碰到几个贵人，就会更加自如地行走于人生之路了。

四年前，刚刚大学毕业的宋岩由一位学长引荐进了一家本土4A广告公司，宋岩把这位学长看成自己的第一位职场贵人。在学长的耐心帮助下，宋岩很快就上手了，成为公司最优秀的新人。

因为学长刚刚贷款买了一套房子，而目前公司的待遇除了生活必需再还贷款，对于学长来说有些难度，于是他离开了公司。这时候，宋岩突然感到无依无靠，天天期待公司招聘新的策划指导。然而，公司策划总监突然做出一个让宋岩意外的决定，由宋岩担任公司策划指导，公司再招一位新人。

回过头来，策划总监给宋岩的这次机会是多么的难能可贵，至少让宋岩在职场上早成熟了两年。

2010年，公司规模不断拓展，成立了一家分公司，公司领导认为宋岩有股闯劲，适合在更高的平台得到锻炼。因此，她被调到分公司担任项目经理。经过一年的历练，不管在项目管理还是专业策划上，宋岩都得到全面的锻炼，完全可以胜任广告公司策划总监或项目总监的职位了。

几年下来，宋岩深感自己的幸运，认为自己在职场上取得的成绩，除了踏实肯干外，更离不开几位"贵人"的热心帮助。因此，她从心底里感激这几位职场"贵人"。

戴尔·卡耐基说过："一个人的成功，15%取决于个人技能，而85%取决于人际关系。两者的关系就像机遇与才华，假如没有机遇，即便有再高的才华也无从施展，就像一粒饱满的种子落到沙漠里，永远不会发芽。但是假如遇到肥沃的土壤，就会很快生根发芽，长成参天大树。"

古文有言："千里马常有，而伯乐不常有。"因此，我们要懂得"发掘"贵人、合理"使用"贵人的道理。贵人是你人脉网中最重要的中坚力量，也是我们走向成功不可或缺的关键。在一个人的成长路上，能否找到自己的贵人，将有天壤之别。

当然，仅有贵人的扶持远远不够。要想让自己混得好、吃得开，必须学会与人合作。毕竟贵人能帮得了你一时，帮不了你一世，更多时候，能够为你提供助力的，还是你身边的那些人。

如今，合作共赢已成为所有人的共识，也成为竞争主体的主流关系。只有抱着共赢的心态，才能获取自身期望的利益。

关于这一点，我们先来看一则寓言故事：

两个快被饿晕的穷人，遇到一位善良的老人，老人给了他们每人一根鱼竿和一篓鱼。拿到东西后，两个穷人就分道扬镳了。得到渔竿的那个人忍受着饥饿，向海边走去。走了漫长的路之后，他终于到达海边，但是力气也被耗完，握着鱼竿离开了人世。另一个得到一篓鱼的穷人非常高兴，他迫不及待地找来木棍，点着了火烤起鱼来。烤熟后，他痛痛快快地吃了起来。可是两天后，他把所有的鱼都吃完了，再一次面临没有食物吃的困境，最后只得抱着空空的鱼篓奔向"天堂"。

此后，又有两个饥饿的穷人得到这位老人的馈赠，但他们没有像之前的两个人那样立即分开，而是坐下来商议了一番，最后决定结伴而行，一起寻找大海。在路上，他们每天分享一条鱼，互相搀扶着行走，等将最后一条鱼吃完的时候，大海已经在他们眼前了。此后，他们结伴而行，以捕鱼为生，最后两人都娶妻生子，过上了幸福的生活。

从这则故事中不难看出，一个人的智慧和能力是有限的，只有团结协作，才能渡过难关，成就自己。职场上同样如此，一个不会团结他人、喜欢做"独行侠"的人，就算再聪明，终有一天会被困难击败。拥有大智慧的员工总是会集合同事、领导的力量，然后走向成功。

有人说："要想一滴水永不干涸，唯一的办法就是将它放入大海。"只有融入整个团队，才能充分发挥自己的能力，创造更大的价值。团结合作是一家公司成功的保障，也是一个人成功的前提，即使你是天才，如果缺乏团队精神，也很难真正建立起自己的事业。

无论你身处哪个行业，从事什么工作，都需要和别人合作。"独行侠"的能力再突出，也不可能与庞大的团队力量相对抗。哪怕只是普普通通地过日子，人脉的力量也不容小觑。你总会遇到自己解决不了的麻烦，这时人脉的作用就能充分发挥出来。懂得善用你的人脉，让它发挥出最大的价值，你所拥有的力量就会超乎你的想象。

Chapter 3 / 给脸上"贴金"
——不声不响，在低调中张扬

俗话说得好，闷声才能发大财。枪打出头鸟，过早地张扬只会引来更多的嫉恨与敌意，学会低调才能让自己在潜行中积蓄更多力量，一飞冲天，一鸣惊人。低调不等于懦弱，人活一世，不可有傲气，却不能丢傲骨。

姿态可以低，尊严必须高

恭谨礼让，谦虚低调，这是人生的一种品位，也是人生的一种境界。俗话说："一山还有一山高。"不论你多么优秀，取得了多少成就，始终还会有比你更优秀、更厉害的人存在。即便你已经登上世界最高的山峰，头顶也还存在需要你仰望的星空。所以，哲人总是教导我们要学会低头，学会以一种谦虚的态度品味生活，只有这样，才能不断进步，变得越来越优秀，而不是在狭小的天地坐井观天，在自我膨胀和自以为是中虚耗光阴。

然而，在现实生活中，有些人却误解了"恭谨礼让、谦虚低调"的含义，以为只要一味地放低姿态，一味地讨好别人，就能得到别人的认可与好感，得到自己想要的东西。殊不知，摇尾乞怜永远无法获得尊重和肯定，人若不懂得自尊自爱，又怎能奢求别人以平等和尊重的眼光看待你呢？人行于世，姿态可以低，但尊严必须高。要知道，与人为善不等于忍气吞声，无原则讨好和忍耐别人，最终只会被人看轻。

肖鹏是一位年近40岁的中年男士，有一次参加客户公司的庆祝晚宴，直到去了之后，他才发现节目中有脱衣舞表演，他觉得很无趣，但碍于情面又不好离开，只好硬撑下去。

酒过三巡，菜过五味，醉醺醺的肖鹏被推上舞台，脱去了外衣，只剩下一条内裤。此时，只听台下的人们趁机起哄，拍下他的照片，然后发到公司内网上，开始流传起来。对此，肖鹏后悔不迭，如果早知道发生这样的事，就不参加了。

其实，肖鹏参加活动，有权选择不喝酒或者少喝酒，也可以根据实际情况中途离席。可是他为了维系客户关系死撑到底，为了讨好别人而选择羞辱自己，实在是得不偿失！

不可否认，很多时候，我们为了拥有更融洽的人际关系，即使自己心中满是委屈，也不得不努力做一些自己不愿意的事情。很多人觉得，这样做或许就可以达到自己想要的目的，可事实却不尽然。很多时候不但达不到目的，反而弄得自己很不开心。况且，回过头来想想，即便得到自己想要的，却以失去自我为代价，又有什么意义呢？

一个人若是连自尊都丢了，就更别提自我了。与其辛辛苦苦地讨好别人，还不如先"讨好"自己，遵循自己的内心做人做事。这是因为，当我们主动讨好别人的时候，就很容易失去自己。一旦我们花太多的时间迎合别人、取悦别人，我们潜藏在内心的动机无非借此获取更多的好处和保障。

所以，凡事要按自己的行为准则和做人原则去做，时刻不要忘了珍惜自己。那些在生活中太过讨好别人的人，往往会忽略自己，同时也更容易被别人忽视。

姗姗小的时候，父母在外地做生意，她一直跟着爷爷奶奶生活。

虽然姗姗很聪明，但由于生活圈子过于狭窄，她缺少可以玩耍的伙伴，也不太懂得与人交往。

高中毕业那年，姗姗很顺利地进入自己梦想的一所名牌大学。想到自己要与这么多的陌生人接触，她不禁有点儿担忧。到了学校所在的城市，特别是进入班级和宿舍后，姗姗感觉懵懵懂懂，不知道该怎么和人说话。特别是发现其他同学很快就熟识了，而自己却被孤立在群体之外，更迷茫了。

为了摆脱这种失落感，姗姗开始不自觉地讨好别人，希望别人也能很快接受她。

比如，她会刻意地要求自己向遇到的认识或者不认识的同学打招呼，如果没被别人注意到，或者发现别人一点也不热情，她就感到很伤自尊。

为了表现自己的"好"，姗姗不允许自己不喜欢别人。一旦发现自己不怎么喜欢某个同学，她就挖空心思想人家的好处，非得让自己喜欢上对方不可。她自欺欺人地认为，只要她喜欢对方，热情地和对方接触，对方也一定会喜欢自己。有时候当别人有什么事情需要做时，姗姗都尽可能地帮忙，也不管自己是不是有需要马上去做的事。

就这样，姗姗对周围的一切都很敏感，整天处于紧张状态，很难静下心来，甚至觉得生活没有什么意思。

故事中的姗姗虽然是个善良的女孩，但她这种讨好人的做法显然有些过了，以至于失去自己的生活，得不偿失。她不知道，生而为人，首先应该为自己活着，才谈得上与别人相融合。只有将生活的重心从别人那里转移到自己身上，才是正常的生活状态。

其实，只要姗姗能够找回真实的自我，清醒地面对现实，然后发现自己在和他人交往中的缺失，及时修正和弥补，慢慢地，她自然会融入集体。与人相处，学会放低姿态才不会给自己树敌，但尊严不能低，否则别人就不会尊重你。只有时刻记得自尊、自爱，我们才能开朗、洒脱、自信、乐观，真正拥有和谐、融洽的生活。

因此，我们无论是面对朋友还是同事，抑或是陌生人的时候，在付出感情或心力之前，先在心里掂量一下：这些事究竟是否有损我们的尊严？是否违背我们的原则？我们是心甘情愿这样做，还是被迫的？如果这样做了，日后自己会不会后悔？当想明白了这些，再决定到底要不要做。只有真正发自内心，别人也才能受之无愧。所以，一味地讨好别人不一定是件好事，有时过多地讨好只会让我们承受不必要的委屈和痛苦。

低调不是"随大溜儿"

我们一直被告诫：做人要低调，不要太张扬，以免四处树敌，招人嫉恨。

这确实有一定的道理。如果你本身是个足够优秀的人，低调可以避免让你成为众矢之的，减少许多来自他人的恶意和麻烦；如果你本身不过如此，低调可以让你明哲保身，不至于贴上"狂妄自大"或"自以为是"的标签。

然而，有些人却误解了"低调"的内涵，为了不引人注意，不得罪别人，处处隐藏自己的锋芒，甚至事事都"随大溜儿"，压抑自己的个性，把自己变得好像工厂流水线上批量生产的产品一样，这其实是不对的。低调是一种谦虚礼让的态度，而不是怯懦胆小的退避或毫无存在感的伪装。

人活着就应当挥洒出自我的个性来，按自己的特点包装自己，照自己的爱好展示自己，依自己的方式确定人生目标，绝不随波逐流。我们要低调，但不能低调得连存在感都失去了。

事实上，我们每个人都有自己的理想、信念、价值观和道德观等。这些观念和思想虽然有时会与别人的不一样或自相矛盾，但并代表我们需要改变。当我们的这些观念和思想正确，就要坚持下去，这样才不至于从众，没了主见。

一个护士正在值班，此时正是午夜，突然有病人病情发作，情况非常危险和紧急。她立即打电话向医生求救，医生吩咐她立即给病人注射30毫升的某药品，否则病人可能会有生命危险。

当这名护士跑到药房取药时，发现药品标签上清楚地写着正常用量是20毫升，过多可能会危及病人生命。根据她的经验，她也知道这种药是慎用药，从没给病人注射过30毫升。

她拿不定主意到底该注射多少，再次打电话向医生确认，可此时不知为何始终联系不上。她一时不知道该如何是好，是该听从医生的吩咐给病人注射30毫升，还是根据以往经验注射20毫升？注射对了就是挽救一条生命，注射不对就有可能害死一条生命，不注射也有可能背上见死不救的骂名和负罪感。

如果你是这名护士，会怎么做呢？

很多人的回答是听从医生的吩咐，毕竟医生比护士有经验、有权威，如果真出了事故，责任也在医生，自己只不过是他的命令执行者，不需要承担什么责任。

这只是个假设性问题，不必一定给出答案。但我们应该发现，类似这种难以选择的问题，在日常生活中很常见，我们也常常被其困扰，我们最终的选择通常是跟随大众，哪边人多就往哪边倒。

其实，很多时候，并非只要打上权威的标签和符合大众趋势就是正确的，如果我们对它产生怀疑后却还是盲目地选择服从，就会逐渐迷失自己、变得麻木。所以，我们要时常理智地听一听自己内心的想法，一旦发现不对劲，就要勇敢地站出来，进行独立的思考和判断，避免被错误的信息误导，活出真正的自己。

道理虽然是这么说，但回归到现实生活，很多情况下却并非如此。更多时候，大部分人还是习惯先看别人怎么做，然后也跟着做。从心理学上讲，这是一种人的自我意识弱化的表现。这样的人缺乏人格独立性，意志力较为薄弱。如果一个人总是不加分析地盲从他人，严格意义上讲，他就不是一个健康的人。

有的人总以为只要"随大溜儿"就不会犯错，就是低调，但事实上，这种想法本身就是一种错误。盲从与低调完全不同，前者是认知上的错误，后者不过是姿态上的谦恭。

　　美国耶鲁大学心理学家米尔格伦做过这样一个实验：他让被试者充当教师的角色，让自己的助手充当学生。如果"学生"犯错，他便命令"老师"电击"学生"，每犯一次错就电击一次，而且电压会随着错误的累积而逐渐增强。

　　电击每发出一丝声响，大家都能听到"学生"痛苦的喊叫声。学生的叫声越来越惨烈，直到最后无法承受被电晕才停止。

　　"老师"感到非常不安，不忍心再电击"学生"，纷纷向米尔格伦提出抗议。米尔格伦并没有理会他们的抗议，要求他们继续电击。结果，大多数"老师"选择了继续服从。

　　由此，米尔格伦得出结论：如果一种行为是由权威规定的，人们在做出这种行为的时候，就会想当然地认为自己可以不用对此行为负责。正因为不用负责，所以人们选择了服从。不管这权威是正确还是错误，只要服从，就可以心安理得。

　　这是低调吗？不，这是盲从。其实，"老师"完全可以自主选择放弃这项"任务"，拒绝这次安排，可他们没有这么做，是因为缺乏与权威和大众对抗的勇气，只能服从，做着自己明明知道是错误甚至残暴的事情。我们所说的低调，是有个人意愿和是非观念性的，而盲从没有。

　　哲学告诉我们：世上没有两个完全相同的事物。人是大自然的造化之一，自然也不例外。

　　这就是说，每个人都有别于他人。更进一步讲，我们活着，就要挥洒出自我的个性来，按自己的爱好展示自己，依自己的方式确定人生目标，不随波逐流。只有展现出不同的自己，彰显出独立的人格，才能得到更多人的尊重，赢得更多人的支持。

学会低头，因为成功的门楣很矮

做人当要铁骨铮铮，但做事却没有必要总是昂着高贵的头。一个真正优秀的人，应该懂得适时调整自己的步调、节奏和策略，"见风使舵"，在低调中张扬，而不是不知变通地横冲直撞。他们知道，有时候低头也是一种胜利。

富兰克林年轻的时候，跟大多数人一样年轻气盛。有一次，他去拜访一位德高望重的老前辈，始终抬头挺胸，迈着大步，雄赳赳气昂昂。进门时，他高昂的头颅狠狠撞上了门楣，疼得一边不住用手揉搓额头，一边气恼地看向那低矮的门楣。

这时老前辈恰巧出来迎接他，看到他这狼狈样，便笑着说："很疼吧！不过，你不应该气恼，因为这是你今天拜访我的最大收获。"见富兰克林不解地看着他，老前辈解释道，"一个人若想太平无事地活在这个世上，就必须时刻记住：该低头时低头，不低头只能被撞得头破血流。这就是我要告诉你的人生规则。"

富兰克林把这个小插曲铭记于心。在以后的为人处事中，他变得谦虚谨慎，并将"学会低头"当成人生准则，从中获益匪浅，终成一代伟人。

正如故事中的老前辈所言，我们要想进入一扇门，免不了要顺应门楣，低头而过。同样，如果我们要登上高峰，就免不了低头弯腰，奋力攀爬。可见，低头是人生必须遵循的一个进退守则。成功的门楣从来都很矮，那些不懂低头的人是永远过不去的，只能一次次让自己撞得头破血流。

低头是一种智慧，也是一种胜利。一个成熟的人，应该灵活圆滑，懂得适时低头，明白何时该进、何时该退。

其实，在本想成功的目标面前，有时我们缺少的并非勇气，而是一份"低头看"的从容和淡定。低头并非意味着对信念的放弃和迟疑，而是为了令自己拥有更多选择的机会和回旋的余地。

伟大的教育家、思想家孔子告诉我们："三人行，必有我师。"就是要我们学会低头，向他人学习。低头既是厚道做人的一种体现，也是为人处世的一种智慧。

当我们学会低头，就能够使自己迷途知返，找到正确的方向，从而摘得胜利的果实。

在一座深山上，有一个大寺庙，庙里住着一位得道高僧。高僧年事已高，便寻思找一个得力的接班人。一天，他把自己最得意的两名徒弟叫到跟前，一个叫慧净，另一个叫空尘。高僧对他们俩说："你们二人，谁若能凭自己之力，从寺院后的悬崖底下爬上来，谁就有资格接下一任的主持。"

慧净和空尘一同来到悬崖之下，抬头一看，只见悬崖陡峭而险峻，令人望而生畏。

身强体健的慧净二话不说，立马振奋精神，开始攀登。但是刚爬上去一点，他就滑了下来。慧净爬起，再接再厉，这一次他格外地小心谨慎。但悬崖实在陡滑，他还是从上面滚落了下来。就这样，一次接着一次，尽管摔得鼻青脸肿，慧净还是不放弃……

虽然功夫深，铁杵还是没能磨成针。最后一次，慧净拼尽全力，抵达至半山腰，但终因气竭，又无处安歇，重重地摔了下来，当场昏迷，不省人事。众僧连忙手忙脚乱地把慧净抬回寺院抢救。

慧净被淘汰后，便轮到了空尘。一开始，他跟慧净一样，不管如何努力攀爬，总是跌下山坡。当空尘紧抓绳索，站在一个山石上，准备再试一次时，不经意地低头向下看了一眼。突然，他松开绳索，跳下山石，拍了拍身上的尘土，整了整凌乱的衣衫，一声不吭地扭头便向山下走去。

围观的众僧万分不解，难道空尘想就此放弃吗？对此，众僧议论纷纷。只有高僧一人站立一旁，默默地看着空尘远去的背影。

空尘到了山下，便开始沿着一条潺潺的小溪顺流而上，一路穿过森林，越过峡谷……最后，轻而易举地登上崖顶。

当空尘重新出现在众僧面前时，所有的人都认为他会被高僧狠狠痛骂一通，甚至被逐出寺门，因为他贪生怕死，临阵退缩。谁知，高僧微微一笑，大声宣布："由空尘担当新一任主持！"

众僧面面相觑，难以置信。

这时，空尘向同门师兄弟解释道："此悬崖陡峭险峻，非人力所能攀爬。但是，只要站于山腰，低头向下看，便能发现玄机：一条通上悬崖的山路。"

高僧点了点头，满意地说道："若为名利所驱，心中便只有眼前的悬崖峭壁。若自己在心中设下牢笼，轻者苦恼伤神，重者伤筋损肢，更甚者粉身碎骨。"说完，高僧便把衣钵和锡杖交到空尘手中，并意味深长地对众僧说："进退取舍，乃圣人之道。攀爬悬崖，不过是在考验你们的心境，能学会低头，心中无阻，顺天而行者，便是我中意之人。"

这个佛家故事给了我们深刻的启迪。现实中，执着于勇气和信念的人不在少数，他们坚定不移地使劲往前冲，却不懂得低头审视，结果往往就如慧净一般，费了九牛二虎之力仍无法达到心中向往之地，落个满身伤痕又一无所获的下场。

通常来说，人们可能更注重百折不挠的精神和坚贞不屈的毅力，认为有了这些品格，就能够跨越前进路上的艰难险阻，走向成功。实际上，这固然是成功必不可少的因素，但却忽略了很重要的一点，那就是懂得低头。低头同样需要勇气。

说到底，低头其实是为人处世中一种退让的艺术，而掌握这种高超的艺术，是现代人交际生活中必备的素质。人活一生，要经历千坎万坷。前方敞开的大门，不一定能完全容下你的身躯，甚至还会遭遇额外的阻碍，迫使你不得不碰壁或伏地而行。如果我们一味地钻牛角尖，不但会被命运拒之门外，甚至需要付出更为惨痛的代价。因此，学会低头，才能巧妙地越过层层荆棘；只有低头而行，才是立身处世不可或缺的绝密法宝。

大智若愚，闷声才能发大财

每个人都向往超强的智慧、绝顶的聪明，但并不是所有人都能够理解和做到将聪明和智慧深藏不露，即"大智若愚"。

从字面上不难理解，大智若愚的意思是说具备很高的智慧，以至于接近没有智慧的程度，表现出木讷、愚钝的状态。

或许很多人对此感到困惑：为什么要隐藏智慧呢？如果不表露出来，又怎么会显得自己有智慧呢？

他们不知道，智慧如果过于外露，虽然较容易让别人看到自己的聪明才智，但却也称不上是高级的智慧，否则就没有古话所说的"聪明反被聪明误"了。

真正的智慧不是显现在外的，愚钝的外表下有可能藏着非同一般的心，正所谓大智若愚。事实上，"若愚"可以在表面上降低外界对自己的期待，而实际上又超出人们的期待，这样更容易出其不意，引人重视。

"大智若愚"重在"若"字，"若"而不是"是"，即表明并非真正的愚，而是将真实的才华、权欲等隐藏起来，不轻易暴露。

可以说，"大智若愚"是在庸常中表现出超凡，在暗中分析明处，在消极中体现积极。这样大智若愚者就不容易受到他人的防备，从而更好地保护自己。

威廉·亨利·哈里逊是美国第九任总统，他出生在一个小镇上，是个非常文静而害羞的孩子，平时不怎么说话，以至于周围的孩子都把他看成傻瓜，时不时就会捉弄他一番。比如，他们经常把一个5分硬币和一个1角的硬币丢到威廉·亨利·哈里逊的面前，让他任意捡起一个。威廉·亨利·哈里逊总是捡那个5分的，为此大家都嘲笑他，并经常和他做这种"游戏"，以此来取乐。

有一天，一个常捉弄威廉·亨利·哈里逊的孩子突发好奇，问道："难道你觉得5分钱比1角钱还多吗？"

威廉·亨利·哈里逊慢条斯理地说："我当然知道是1角钱多，不过如果我捡了那个1角的，恐怕他们就再也没有兴趣扔钱让我捡了。"

看完这个故事，我们不得不为威廉·亨利·哈里逊的小脑瓜叫好。他用自己故意装出来的愚钝换取了小孩子们比较在意的利益，这其实就是大智若愚的最好体现。

从为人处世的原则看，"大智若愚"体现为以静制动、以柔克刚。在日常生活和工作中，如果我们想要克敌制胜，就很需要掌握和运用这种大智若愚的本领，这样我们就可以在不受干扰和戒备的条件下，积极准备，以有备胜无备。如果我们的意图在于获得外界的赏识，那么"若愚"可以在表面上降低外界对自己的期待，而实际上又超出人们的期待，这样更容易出其不意，引人重视。

在罗马帝国历史上，有一个叫塔克文的国王，他残暴地杀害了布鲁图斯的父亲和哥哥。布鲁图斯一心想为父兄报仇，他想出的办法不是荆轲刺秦王式的穷途匕首，也不是逞直捣黄龙的武夫之勇，而是将自己装成一个傻子。

据说，布鲁图斯装傻子装得特别逼真，以至于王宫上下都把他当作一个笑料，国王更是把他当作开心的玩物。

当时，罗马有个美女名叫圣瑟雷提亚，本来已经嫁人为妻，可国王听说她很漂亮，就给抢进宫来。不过，这个美女拒不从命，为了贞洁和自由而自杀了。

布鲁图斯想方设法找到美女的丈夫和父亲，要他们发誓为她报仇。那一刻，他揭去身为"傻子"的伪装，用慷慨激昂的演说动员群众，不但赢得了群众的拥戴，还获得了军队的支持。就这样，布鲁图斯推翻并驱逐了国王，结束了罗马专制时代，建立了罗马共和国。布鲁图斯顺其自然地当选为罗马共和国的首席执政官。

案例中，布鲁图斯的做法的确值得我们钦佩，他用若愚的大智不但为自己报仇雪恨，而且还赢得了人们的爱戴，成为一国之君。这种甘为愚钝、甘为弱者的做人之术，实际上是精于算计的渊薮。他们能够做到真人不露相，先麻痹和迷惑敌人，然后再瞅准时机，一举将对方拿下。

的确，愚钝会让别人产生一种"你是弱者"的感受，往往容易让人产生良好的第一印象，从而放下戒备或者与之竞争的心理。其实，这是帮助大智若愚者减少外界压力的绝佳方式，因为人们容易对弱者放松警惕或者降低要求。

说到底，做人做事都有一定的法则和技巧。只有掌握并运用这些规则和技巧，我们才更容易驱赶前进旅途上的障碍，更快更好地步入成功者的行列。

全身长满刺的孔雀，谁敢靠近？

许多有才华的人都喜欢炫耀自己，锋芒毕露，他们不甘寂寞，常在言语和行动上争强好胜。这其实很容易理解，每个人的内心深处都有成为众人焦点的渴望，都希望得到别人的重视与肯定。但中国有句俗话"枪打出头鸟"，如果你什么事都要占尽优势，很可能会招致别人的嫉妒，有时还可能在无意中伤害别人，时间一长，难免造成孤家寡人的局面。所以，即使才华横溢，你也不要到处炫耀，逞一时之快。

俗话说："君子藏器于身，待时而动。"虽说我们的聪明才智需要获得别人的赏识，但如果无所顾忌地一味显摆，就不免有做作之嫌，势必引起别人的反感，人际关系也好不到哪里去，谁会喜欢一只浑身是刺的孔雀呢？

黎涛是一个很有能力的人，学历高，口才也好，毕业后到一家公司做了职员。他很用心，也很勤奋，领导同事都觉得这个小伙子不错。黎涛凭借自己的努力，四年后升为了项目总监，但相对公司的其他员工，他的年龄并不大，但业绩却最好，在管理层中也是最年轻的。大家都知道，他的前途一定不可限量，于是同事们见面都不免赞美他几句，领导对他也是呵护有加。这样到了第五年，他的事业更是如火如荼。这一年，他成功地与一家外国大客户合作，为公司赚取很丰厚的利润，这时公司上下更是对他关怀备至。荣誉和赞扬来得太多，并不是一件好事，天天生活在被人赞扬的环境中，黎涛也觉得自己无可替代。心态上的转变直接导致他行为上的变化，以往笑脸迎人、平易近人的他开始变得"飞扬跋扈"，很多问题不再听取别人的意见，所有事情都一个人做主，甚至在集体讨论时开始变得咄咄逼人，甚至直接在会上否决老总的观点，老总自然不快。同事们都发现了黎涛的变化，并在私下开始暗暗讨论，领导对他也不像以前那般，没过多久，公司新过来了一位总工程师，所有工作重新安排，而黎涛却只被安排了并不重要的、很少的任务，甚至可以忽略不计。他很恼火，想到这可能是公司对他有意见，并强按下和领导理论的冲动，开始反思自己。

第二天，他向总裁递交了辞呈，并和总裁详细谈了一番，表示他已经认识到了自己的问题：虚荣心促使他以为自己无所不能，甚至公司也离不开自己，开始变得自以为是，骄傲自大。不断膨胀的欲望，完全使他脱离了原本的价值轨道。谦虚使人进步，骄傲使人落后，这句话谁都知道，但知道不代表能做到。当你没有任何名誉、没有任何价值时，你再夸大自己，别人也不把你当回事；当你对社会做出巨大贡献时，即使你走路再低头，别人也能认识你。

他需要停下来，静一静自己的心。总裁没有接受他的辞呈，而是给他放了一个月的假，告诉他做人和做事都应该胜不骄、败不馁，认识到问题就是好的开始。

通过黎涛的例子我们知道，职场中切不要太自负，不要以为自己做出一点成绩就可以不遵守公司的规章制度。成绩可以作为一种资本，但人们更关注的是品质而非能力，如果在能力和品质中择其一的话，必然是后者。

"卑而骄之"是老祖宗告诉我们的一种生存智慧，让我们在生活中切忌浮躁、骄傲，保持一颗谦卑的心。这不仅于事业是一种发展的阶梯，更能让我们成为受欢迎的人。

你的得意很可能会衬托出别人的倒霉，甚至会让对方认为你炫耀自己的得意之事便是嘲笑他的无能，让他产生一种被比下去的感觉。特别是失意的人，你在他面前炫耀自己的得意之事，他会更恼火，甚至讨厌你。

　　姜琪毕业于一所重点大学的经贸信息专业，不但能说一口流利的外语，人也长得漂亮，身材苗条。每每跟外商谈判，姜琪都能应付自如，同事们都对她赞许有加，并羡慕不已。

　　相比之下，她的顶头上司——部门经理张敏就逊色多了。张敏40多岁，体态有些臃肿，没有姜琪的美貌和青春，中专学历，自然谈不上有多高的外语水平。但由于她早年进入公司工作，勤勤恳恳，管理水平也比较高，所以受到公司老板的信任，担任部门经理。

　　在姜琪刚进公司的时候，张敏经理对她很亲切，但在一次跟外商谈业务的Party上，姜琪出尽了风头，得意地用英语跟外商海阔天空地交谈，并频频举杯，充分显示自己的高贵与美丽。事后，姜琪试图通过自己那天的表现来向领导邀功，主动找到经理说："我作为一名重点大学毕业的高材生，英语水平在公司来讲也算是很高的，想必那天和外商交谈的情景您也看到了。我想，公司是不是该考虑提升一下我的职位或者给我加薪？"然而，实际情况却是，这件事过去不久，姜琪就被调到另外一个不太重要的部门。

　　面对不如自己的领导时，姜琪犯了职场忌讳——越位，在公众场合喧宾夺主，旁若无人地抢领导的"镜头"，使领导陷入尴尬的处境。领导当然不愿意把这种"以下犯上"的下属留在手边，势必给她"小鞋"穿。

　　然而在生活中，有些人总喜欢在别人面前炫耀自己的得意之事，总以为这样就会让朋友高看自己，敬佩自己。殊不知，别人并不愿意听你的得意之事。

　　不要总在别人面前炫耀自己的成就和好运，自恃才高而目空一切的人只会令人讨厌，而那些因身居高位、大权在握而自傲的人更是令人讨厌；不要动不动就摆出一副"伟人"的架势，以免令人作呕，也不要因为有人羡慕而变得不可一世。

　　所以，如果你不想失去朋友或客户，就要时刻注意把得意放在心里而不是挂在嘴上，更不要把它当作炫耀的资本，这样只会令你失去更多。

　　古人云：三人行，必有我师。在我们周围，每个人都有优点，都可以成为我们的老师。既然如此，我们何不"择其善者而从之"？只有学会谦卑和低调，我们才能保持一颗平常心，看花开花落，品人间百态。只有学会谦卑和低调，我们才能纳万物于胸，高而不危、满而不溢。学会谦卑和低调，会让我们得到更多。

　　因此，在与人打交道的时候，一定要避免"骄傲式的说话"，少说炫耀的话，免得成为别人厌恶的对象，千万不能做"满身是刺的骄傲孔雀"。

深藏不露才是真的精明

对于任何人来说，聪明都是一笔宝贵的财富，但正因如此，我们才应该学会深藏不露，就像俗话说的："财不露白。"越是宝贵的东西，越不该拿出来炫耀，懂得深藏不露，才是真的精明。

事实上，真正聪明的人都深谙这个道理，而那些仗着自己有几分小聪明就迫不及待地上蹿下跳，往往真的算不上有多聪明，就像"半瓶醋"一样，总是"一瓶不摇半瓶摇"。对于聪明这笔财富，如何运用也非常重要，因为它既能让我们收获颇丰，也能够让我们损失惨重。

有一只大雁特别聪明，马上要到冬天了，大雁们开始南飞，而这只聪明的大雁觉得这样一直飞过去很费劲儿、很辛苦，于是它偷偷地潜入飞机，几小时的工夫就到了南方，其他的伙伴们半个多月后才赶到。就这样，第二年的春天到来了，大雁们又要飞回北方，这次聪明的大雁又乘飞机很快地回到了北方。两年后，这个聪明的大雁成了伙伴们学习的榜样。到了第三年，很多大雁飞向机场，机场随即采取严密的防护措施，它们无法进入飞机，无奈只能再自己飞到南方去，而那只聪明的大雁并没有随大家一起走，而是留在机场坚信自己会想到办法坐上飞机，但是20多天过去了，它依然没有乘上飞机。天越来越冷，再不去南方自己就会被冻死，没有办法，它只能自己飞去了。但在飞行过程中，它感觉自己的翅膀很沉重，最后寒流袭来，聪明的大雁身体被冻僵，从高空摔了下来。

当我们因为一点小聪明而获得一点好处后，便开始变本加厉、想方设法地继续耍小聪明，而不再靠自己的努力赢取报酬，迟早有一天会像这只"聪明的大雁"一样，想飞而飞不得。

世界上从来没有真正意义上的智者，本来并不聪明却硬要自作聪明的却不在少数，甚至比比皆是。那些真正精明的人绝不会自作聪明，因为他们始终知道自己该得到什么，能得到什么。

可以说，一个真正精明的人，往往是那种深藏不露的聪明人。他们往往心里有数，但不会轻易地表现出来。那些耍小聪明的人，往往招灾引祸，结局悲惨。

四大名著之一的《红楼梦》中，就有个女子堪称文学作品中"聪明反被聪明误"的典型，即王熙凤。她为了使贾家振兴，也为了自己的地位和利益，处处有办法，时时有主意。然而，她的结局甚为悲惨，应了书中对她的判词："机关算尽太聪明，反误了卿卿性命。"

为人之要，贵在勤奋，贵在落实。投机取巧，一味地耍小聪明，只会产生更多的惰性，以至于最终搬起石头砸了自己的脚。成功之路没有别的办法，只能实干，也要巧干，但不是耍小聪明。耍小聪明是无法持久的，最终吃亏的还是自己。

历史上"赔了夫人又折兵"的典故，大家都不陌生，我们一起回顾一下。

庐江舒城人周瑜和孙权的哥哥孙策同年。周瑜仪容清丽，才学过人，资质风流。当年，曹操屯兵百万，虎视长江沿岸，东吴迫于形势压力，议降者众多，导致军心涣散，而周瑜却力排众议，绝不降曹。这为他赢得了军心，也赢得了威望。

作为"三足"之一的刘备，夫人去世。周瑜知道后，想出一个计策，要把孙权的妹妹嫁与刘备，让刘备入赘，然后把刘备幽禁起来，然后再派人讨荆州换刘备，等把荆州拿下，再回过头对付刘备。

周瑜打发吕范为作为媒人，前往荆州说亲。谁知，"智多星"诸葛亮一听，就知道是周瑜的计谋。诸葛亮让刘备答应，并且让赵子龙保护刘备。在他们临行前，诸葛亮还给了刘备三个锦囊，藏着三条妙计。

等刘备来到东吴，孙权的母亲看了，对这个未来的"女婿"很是满意，真心实意要把女儿许配给他。

可周瑜和孙权并没有想将此事弄假成真，而又不敢公开囚禁和杀害刘备。更让他们恼火的是，刘备劝说孙权的妹妹去荆州，她欣然应允。于是，刘孙二人商定趁着去江边祭祖逃离东吴。周瑜得知这一消息后，马上派兵追赶，没想到却被挡了回去。就在周瑜准备孤注一掷时，只见诸葛亮早就在岸边等候了，此时刘孙二人已经登了船，朝荆州方向而去。蜀国的士兵看着追来的吴兵，大叫"周郎妙计安天下，赔了夫人又折兵！"

这虽是历史典故，但确确实实为我们展现了自作聪明所带来的后果。周瑜自恃胜券在握，不想"赔了夫人又折兵"，实际上正是聪明反被聪明误的结果。俗语说"偷鸡不成反蚀把米"，正说明要小聪明不但得不到好结果，还要做赔本生意、落人耻笑。

然而，在我们的现实生活中，往往发现有这么一些人，他们总想在别人面前显露自己的才能和智慧。岂不知，如果总是如此，实际上是愚蠢的行为。所以，我们在生活和工作中还是不要自作聪明，而要适时地装装糊涂、低调一些。

一个人只有充分地认识自己，明确自己的能力，才能对问题做出冷静的判断，量力而行。这样的做法，才是真正的聪明人所为。

古人说：为学不可不精，不精则荒废；为人不可太精，太精则招祸。其意义不难理解，旨在告诫我们做学问要精益求精，否则一知半解导致荒废。做人也不能太精明、太张扬，否则容易招致祸患。

把自己放低，是修养更是智慧

"哎呀！真受不了我们部门同事，动不动就显示他的硕士学历，他越是这个德性，我们就越懒得理他。"

"我遇到一个讲话特能拿调调的人，好像全世界他就是'NO.1'，真让人受不了。"

相信在现实生活中，我们经常会听到类似这样的议论，身边也不无这样的人。在这些人的内心深处，总是希望别人对自己敬畏三分。而他们不知道，正是因为这样，自己的人生道路会越走越窄。要知道，一个人的身份和地位不是自己制造出来的，而是被别人支撑起来的。只有把自己放低的厚道人，才会得到人们的拥护和支持。

我国民间有句俗语："牛大马大值钱，人架子大了不值钱。"其中的意思是说，爱逞威风、摆架子的人，是不讨人喜欢的。

其实，混迹职场也好，置身生活也罢，爱摆架子都不受欢迎。相反，只有把自己放低，拥有一种"归零"心态的人，才更容易被人接受，得到别人的爱戴和支持。下面这个案例或许能让我们对此有更深一步的认识。

从前有一位秀才，甚爱绘画，可是苦于身边没有高人指点，无法增进他的作画水平，于是便周游四方，寻师学艺。

可是转眼两年过去了，他走了很多地方，见了很多名师，却始终没有遇到他心目中认可的高人，感到非常苦恼。

有一天，他正巧路过一座寺院，因为天色已晚，所幸也就借宿其中。在与寺院方丈的交谈中，他就把自己的"遭遇"讲给了方丈。

方丈听完后说道："我非常喜欢茶具，你既然会作画，能不能为我画一幅关于茶艺方面的画呢？"

秀才欣然地答应了方丈的请求，在行李中拿出笔墨纸砚，刷刷几笔，很轻松地就画出了一幅精美的茶具图，特别是画面上方由茶壶倾泻而下直入茶杯的水柱，简直是栩栩如生。

方丈看了看，微笑着说道："不好。"

秀才有点不明白，便问："哪里画得不像吗？"

方丈说："像倒是很像，只是位置画错了，如果把茶壶画在下面，把水杯画在上面就对了。"

秀才这时哈哈大笑，说道："老方丈，你是不是糊涂了，如果把茶壶放低处，把茶杯放在高处的话，还怎么往茶杯里倒茶水？"

老方丈这时很认真地对秀才说："年轻人，你这不是什么都懂吗，为什么会求不到师父呢？"

这位秀才的过于自傲，便是他求不到师父的主要原因，既然是为了拜师学艺，就该把自己放在求学者的位置，一味地高居不下，又怎会把所谓的"高人"放在眼里呢？

把姿态放到低处，能够让自己更为快速地成长，也能让我们找到更多成功的方法。因此，我们要像大海一样，把自己放低，这样才能兼收并蓄，海纳百川。

苏碧柔因为工作业绩突出被晋升为分公司总经理，在上任的欢迎酒会上，她既不喝酒又不善辞令，与下属几乎没有什么交流。

因此，下属都认为这位新领导高傲不易相处，爱摆官架子。想到这里，大家心里不免敲起鼓来，觉得以后的日子会很不好过。

苏碧柔正式上任后，下属们都对她敬而远之，工作上也不是很配合。这直接导致苏碧柔的工作陷入孤立被动的境地。

元旦时，公司举办了一场元旦晚会。在晚会上，苏碧柔出乎意料地献唱了一首歌，赢得了满堂喝彩。她的这一举动迅速拉近与下属们的距离。不仅如此，苏碧柔还主动与下属讨论回家过年的事情。

在热烈的讨论中，有一位下属突然对苏碧柔说："苏经理，平常看您总板着个脸，一副不苟言笑的样子，还以为您是一个爱摆官架子的人呢，现在才发现，原来您挺温和、平易近人的嘛。"

苏碧柔听了下属的话后才恍然大悟，意识到自己这几个月来工作进展之所以如此艰难的原因所在。

从那以后，苏碧柔在工作中非常注意自己的言行举止，与下属见面不再面无表情，而是微笑着主动与他们打招呼。慢慢地，下属们都看到这位新领导温和体贴的一面，往日的官架子业已荡然无存，因此，与苏碧柔的交流随之多了起来，工作上积极配合她，工作也开展得越来越顺利。

此后，苏碧柔又组织成立了一个业余文化活动中心，经常召集下属一起打球、唱歌、做娱乐活动等。这为她赢得了更多的"民心"，下属们都乐意和她亲近，有事都喜欢跟她谈谈。至此，苏碧柔完成了从"高高在上"到亲民形象的华丽转身。

在苏碧柔的管理领导下，分公司的业绩蒸蒸日上，因此，苏碧柔也被提拔为总公司的总监。升为总监后，苏碧柔继续贯彻自己的"亲民政策"，和下属们打成一片。

在年底的酒会上，为了让大家释放压力，玩得更尽兴，主持人临时想出一个恶作剧，就是在某个员工不设防备的情况下将其抛到游泳池。

董事长同意主持人的提议，并征询苏碧柔的意见。苏碧柔听后，并没有立即做出回应，而是转过身对员工说："主持人太坏了，竟然让我这个名副其实的旱鸭子下游泳池游泳，真是……"话还没完，苏碧柔就假装脚下一滑跌进游泳池，引来在场的员工哈哈大笑。

事后，董事长问起苏碧柔："你完全可以找一个下属表演，为什么非得自己这样做呢？"苏碧柔笑着回答道："如果捉弄下属，而自己却高高在上，摆着一副官架子，那会让下属很不是滋味，也会让自己失去民心。"苏碧柔的话让董事长大有感触，也明白了体恤下属的重要性。

从苏碧柔的经历中不难看出，职场中，那些高高在上、爱摆官架子的领导往往得不到下属的尊敬和拥戴，相反，那些面对下属温和不摆架子的领导，往往能得到下属的拥护和支持。

把自己放低，是智者的风度、贤者的修养、强者的谋略、明者的胸襟、仁者的情怀。把自己放低，懂得内敛与谦和，不仅可以让人暗蓄力量、悄然潜行，在不动声色中成就事业，还可以让自己迅速融入人群，赢得尊重，与他人和谐相处。

Chapter 4 / "走路"要小心——不亏心，也不做轻信于人的"傻白甜"

人生到处充满陷阱与诱惑，行走其间，既要对得起别人，更要对得起自己。不做亏心之事，也不能做轻信于人的"傻白甜"。守住本心，不受诱惑，始终朝着正确的方向前行。

你可以善良，但不能傻

善良是一种美德，但不等于傻。老祖宗其实早就告诉过我们为人处世的一大准则——"小事不计较，大事不糊涂"。不计较小事，是一种善良，但如果真的遇到大事，一定要保持清醒的头脑，只有这样，才不会因轻信而走错路、做错事。

郑板桥先生有句传世名言："难得糊涂。"有人说，这就是在劝诫人们，不要事事都斤斤计较，学会睁一只眼闭一只眼地过日子。这种理解其实是错误的。那么，郑板桥先生口中的"糊涂"究竟是什么意思呢？

关于"糊涂"，鲁迅先生曾专门解释了其真正含义。他说："糊涂主义，唯无是非观等——本来是中国的高尚道德。你说他是解脱、达观罢，也未必。他其实在固执着什么，坚持着什么……"

没错，正如鲁迅先生所说的"在坚持着什么"，表现出糊涂的人实际上往往比那些表现得聪明的人更聪明、更清醒。他们之所以要"糊涂"，是因为对事物参透得深刻，对那些对自己不利的人更有包容之心。

话很简洁明了，说起来容易，难就难在怎么做到这一点。我们不妨注意一下，在自己生活和工作的圈子里，能够做到"糊涂"的人非常有限，这是因为大多数人尚未达到或者永远也达不到超然忘我的境界。

在大家的人生包袱里，盛着小如芝麻绿豆、大如苹果西瓜等大事小情，很多时候人们的思想还停留在小事上面，被其缠绕，有时甚至影响对事情的判断和把握。

所以，对大部分人来说，"小事多糊涂，大事不含糊"，是一句很有必要并应经常提醒自己的话。

人的一生不应对什么事都斤斤计较，该糊涂时就糊涂，"心中有树（数），就不是荒山"。但对重要问题、原则问题，就不能糊涂，该聪明时就得聪明。你可以很善良，但却不能傻。

王芳在一家报社任采访部主任，由于业务能力强，经常受到领导的好评，同时也深受同事的钦佩。但俗话说"人怕出名猪怕壮"，王芳的优良表现还是引来别人的嫉妒。开选题会讨论选题的时候，他们故意指出王芳所报选题的不合理之处，想方设法刁难她。

对于这些，王芳心里很清楚，但她每次都笑脸相对，不慌不忙，也不带任何情绪地向大家叙述自己选题的可行之处。而且，她每次都会向对她提出异议的同事表示感谢。

那几个和她关系比较好的同事看不过去了，就私下里跟王芳说为什么不在主编那里奏他们一本，让他们赶紧离开报社。

每当听到这样的话，王芳只是笑一笑，告诉好心的同事，这些都是小事，犯不着非得弄个青红皂白。她还安慰同事，大家在一起工作产生点小摩擦很正常，没什么大不了的。

如此看来，王芳真的是个善良之人，有着非同常人的心胸。但是她也并非好惹的主儿，就拿不久前报社改革的事来说，王芳的表现就足以让人对她的看法来个一百八十度的大转弯。

原来报社新领导上任，"三把火"之一就是改革采访部和编辑部，将采编分离的制度改为采编合一，这样就会裁掉一部分员工，尤其是采访部只会采访写稿的记者最容易被裁掉。对于这样的改革，大部分人颇有微词，牵涉不到的部门同事也觉得不可理解。

作为一份颇有影响力的大报纸，每周三期，任务之艰巨可想而知。版面的编辑和采访的记者本来就该各司其职，这样才能抓到更多的一线新闻，编辑出更好的文章。

　　就在消息即将公布之前，听到风声的王芳就找到自己的上司马主编。王芳表示自己觉得这样改革不妥的想法，并向领导摊牌：如果报社如此改革，自己就辞去这里的工作，另谋他处。

　　作为采访和编辑能力都超强的王芳这个顶梁柱，报社是要坚决保护好的，她要走了，报纸的半边天可就塌了。最终领导层经过商榷，改变了当初的想法，只是进行了些许微调，这样同事的利益得到有效保障，大家更对王芳高竖大拇指了。

　　王芳是真正善良且精明的人。在职场中，她确实做到了"小事不计较，大事不糊涂"。面对旁人的刁难，她选择一笑而过，不曾放在心上，但如果是触及原则性的问题，她也绝不退让，更不会忍气吞声地受人欺负。她善良，却一点儿也不傻。正是因为这种善良的"糊涂"，让王芳很容易和周围的人打成一片，受到人们的喜爱。而在善良之下对原则的坚持，则让她赢得了别人的尊重。

　　所以，小事上糊涂一些是可以的，但遇到大事就不能糊里糊涂，非但不能如此，而且要铆足精神，开动脑筋想出最有利于自己的解决办法。

　　要知道，傻可以装，但不可以真傻，到了该聪明的时候就得聪明，该争取的时候就得争取。只有学会适时适当地藏和露，我们才能在处理事情时游刃有余、进退自如。这正是"小事不计较，大事不糊涂"最真实、最贴切的体现。

越是得意，越是危险

常言道："风水轮流转。"言外之意，就是人生有得意也有失意，有顺风顺水，也有"犯太岁"。出于人趋利避害的本能，我们当然希望自己多一些顺利和得意，少一些颓败和失意。怎么才能实现这一点呢？

看看古今中外，众多成功人士在介绍经验的时候，总会提到自我反省的能力。也就是说，是自省让他们不断地走向成功。一位教育界专家说过："一个人之所以能够不断向前，和他自我反省的能力有很大关系，因为只有找到自己的缺点或做得不够完善的地方，才能不断改正，以追求完美的态度去做事，从而取得成功。"

古人云："达则兼济天下，穷则独善其身。"不管我们处在什么位置，正在做什么事，都应该知道自己的长远目标。如果我们被一时成功的喜悦弄得飘飘然，那么，离走下坡路也就为时不远了。

明代有个叫沈万三的"全国首富"，据说他有上万顷田产，还开了无法计数的店铺。用一句话来概括，沈万三太有钱了，简直富得流油。

朱元璋在南京定都后，打算重修都城，可由于连年战乱，国库亏空，只好向富人借钱。沈万三财大气粗，主动承担了一半的财务开销。虽说作为商人的沈万三此举有自己的道理，他以为自己这么做算是帮了皇上一个大忙，以后有皇上这个大靠山，自己的日子就更好过了。

想到这儿，沈万三的得意之情溢于言表。他还特意与皇上的工程同一天开工，并且先于皇帝完工。

不仅如此，沈万三在修筑帝都三年后深觉"不过瘾"，于是又申请由自己"掏腰包"犒赏三军。结果，他拿出近百万两纹银犒赏军队中的每个兵士。

沈万三认为，这样皇帝会更开心。可让他没想到的是，朱元璋出身贫苦，再加上心胸狭窄，终由妒而恨，心想区区一个匹夫，不但修都城早于自己完工，还随意犒赏军队，天理不容！

这下沈万三可就遭殃了。从那时起，朱元璋下令向沈万三征收重税，相当于亩产的一半多。最后，沈万三落得发配云南的下场，再也未能回到故土江南。

显然，这个沈万三只顾彰显自己的财富，而忘了得意之时要自省。如果做到这一点，他就会收敛一下，不至于和皇帝抢功劳，也不会落得如此凄惨的下场。

或许有人认为皇帝太小心眼了，人家帮他办事还这样对待人家。

这只能说是事情的一个方面。我们要了解到更深的层面，那就是当皇帝的不希望臣子的功劳盖过自己。本来皇帝是统治天下和军队的，军队说白了就是为皇帝效力，而你仗着是个大财主就花钱犒赏，这么盛气凌人的做派，谁能看得惯？可以说，一个真正精明、有智慧的人不会得意忘形，而是能够时时反省自己。否则，到达成功的顶点就飘飘忽忽，不知道自己姓甚名谁，那可就真的危险了。

得意的时候，往往正是我们疏于防范的时候，这时最容易失去理智，需要自省。精明的人会从光环和掌声中退下来，继而审视自己取得的成功，然后再以此为起点，勇敢前进。

无独有偶，我国古代的曾子不止一次地提到自我反省。他说："我每天都会多次自我反省，为别人做事是否尽心竭力了？在和朋友的交往中，是否做到了诚实？老师传授的功课是不是复习了？"有一次，曾子对他的学生子襄讲什么是勇敢，直接引用了孔子的话，他说："我曾听孔子说过什么才是最大的勇敢：自我反省，正义不在自己这边，即使对方是普通人，我也不去恐吓他；自我反省，假如正义在自己这边，即使对方有千军万马，我也勇往直前。"

和当年的沈万三这个全国首富相比，如今连续十多年位居世界首富的比尔·盖茨又是什么样子呢？他会不会也像沈万三那样出手阔绰、一掷千金呢？结果又是怎样呢？

事实上，比尔·盖茨不仅为人类社会做出了杰出的贡献，而且给财富和财富的拥有者做出了新的定义。

比尔·盖茨出生于美国西海岸西雅图的一个上层家庭，他是一名出色的学生，高中时就曾断言自己会在25岁时成为亿万富翁。

果不其然，盖茨实现了当初的梦想，成了人类历史上第一个靠电脑软件积累亿万财富的人，也是有史以来最年轻的世界首富。1996年，他的财产是160亿美元。

可就是这样一个有钱的主儿，生活中却和普通人没什么两样。他平时用餐的时候，除了工作需要外，一般都去普通的餐厅，很多时候就去肯德基或者咖啡馆，购买东西时也常常去一些较有特色的小店。外出的时候，他经常会租一辆普通的汽车，而不是坐豪华气派的名车。出差需要坐飞机，他几乎都是坐经济舱。

盖茨这种朴素的做派，深深感染了微软的员工，也深得员工和更多的人的钦佩、敬爱。

实际上，像盖茨这种世界首富的朴素低调的生活，展现给我们的并不是吝啬或者小气，而是源于内心的一种厚道本质。反过来，这一厚道的精神品质对员工的价值观和工作作风又会起到积极的作用，培养他们的创业精神和艰苦奋斗的激情。这种得意时不忘自省、不忘前进的风格怎能不让人敬佩，又怎能不获得更多更大的成功呢！

所以，得意之时不懂得自省、只一味高调做人做事的人，终会迷失方向，乱了阵脚，得不到好的结果。厚道的人才能正视自己，正视问题，理性地看待得与失，当问题出现的时候，自己才能稳如泰山。

得意忘形不如自省。当我们时时刻刻做到认真思考，知道自己接下来要怎么走时，就能把握住方向，而不至于被外在因素所左右。这样，我们才会一直坚持，走向成功。

别为了成全面子，结果输掉自己

网络上曾流行过这么一句调侃：头可断，发型不能乱；血可流，皮鞋不能不擦油。

虽是调侃，却暴露了一个当下普遍存在的问题：爱面子。发型、皮鞋，都是面子的象征，为了维护面子，人们确实会做出一些极其疯狂、不受控制的事情。这也是在很多时候，当你想要让某人去做一件他不愿意做的事情时，激将法往往能取得不错效果的原因。

在日常生活、工作中，我们经常会看到两个人为了某件小事情争得面红耳赤，甚至大打出手，最终闹得惨败收场的情景。比如，拥挤的公交车上，两人因为踩脚或者抢座而恶语相向；同事之间在处理问题的方法上不同而发生激烈争执，从此横眉冷对，形同路人；朋友之间因为误会，从此断交……

说到底，这些无谓的争辩，为的都是两个字：面子。事实上，与他人进行无谓的争辩，发生无谓的冲突，非常不明智。这不仅解决不了任何问题，而且会让自己显得愚不可及。只有尽力避免，才能排除干扰，不为无谓的事情伤神。

春秋战国时期的孔子，曾遇到这样一件事情。

有一天，一个穿绿衣服的人来造访孔子，碰巧孔子外出不在家。

在等候孔子的期间，这位穿绿衣服的客人想先考考正在门外扫地的学生。走到学生面前，他问道："请问，你是孔子的弟子吗？能不能向你请教一个问题？"

孔子学生回答说："我是孔子的学生，请问您想请教什么问题？"

客人便问道："请问一年中共有几个季节？"

孔子的学生很疑惑这位客人为何问如此简单的问题，他莫名其妙地看了看对方，说："一年中当然分为春、夏、秋、冬四个季节了。"

听完孔子学生的回答，客人直摇头，反驳道："不对，一年中明明只有三个季节，你怎能说是四个呢？"

孔子学生听后，胸有成竹地争辩道："不！是你搞错了，一年的确有四个季节，我老师也是这样说的，一定是你搞错了！"

客人也毫不示弱地反驳道："别人都说一年只有三季，是你错了！"

就这样，两个人争来争去，也没争出个什么结果，于是那客人提出："要不我们打个赌吧！"

孔子的弟子自信地说："赌就赌，那你说赌什么？"

客人便说："假如确定一年有四个季节，我给你磕三个响头；假如确定一年只有三个季节，你给我磕三个响头。你看怎么样？"孔子弟子二话没说，就答应了客人。

话音刚落，孔子就从外面回来了。孔子学生急走向前请教老师说："老师，一年到底有四个季节还是三个季节？"

孔子看了客人一眼，转过身回答弟子说："一年有春、夏、秋三个季节。"学生顿时傻眼了，而那客人则非常得意，说道："我说一年只有三个季节吧！你偏不相信，既然你错了，赶紧给我磕三个响头吧。"

孔子的学生看了老师一眼，无奈地给客人磕了三个响头，客人开心地走了。

客人走后，学生不解地问孔子："老师，你以前明明告诉我一年有春、夏、秋、冬四个季节，怎么今天又改口说只有三个季节呢？"

孔子笑了笑，对学生说道："你没看到那个人全身都是绿色吗？其实，他是一只蚂蚱，春天生，秋天就死了，根本活不到冬天，所以在他眼里，一年永远只有他所经历的春、夏、秋三季。你们这样无休止地争吵下去，是不会有任何结果的。与其妄自伤神，还不如吃点亏，成人之美。一举两得，何乐而不为呢？"

听完孔子的教导，学生恍然大悟。

任何决心有所成就的人，绝不肯在无谓的争辩中耗费时间。争辩的结果，包括发脾气，失去自制，其后果是难以让人承担得起的。这些冲突不仅解决不了实质性问题，而且会严重影响人际关系，甚至结下仇恨。更何况，这是非常不必要的。

所以，对待一些无关紧要或者非原则性的问题，我们大可以采取宽容、不计较的态度，避免无谓的冲突，这是生存的智慧。

古语说："水至清则无鱼，人至察则无徒。"人与人之间发生矛盾，出现观念分歧，如果硬要弄个水落石出，给出定性的说法，往往只会适得其反。这种争辩或争执，无论输赢，其实都是输，对维护我们所谓的"面子"也毫无作用。没有人会因为你在争辩或争执中取得"胜利"而尊重、肯定你。所以，不要为了赢面子，把自己搭进去。

在日常生活中，我们应该怎么做才能避免和他人发生无谓的冲突呢？这里，给大家介绍几种有效的方法。

首先，认清自己，建立高水准的自尊。在人际交往中，身份地位越高的人，往往更容易相处，而那些不上不下的人，反而会刻意刁难他人。

所以，如果我们想要避免无谓的争论，就应该建立高水准的自尊，提高自身的内涵层次，培养宽阔的胸襟。

其次，当冲突一触即发时，应试着及时转移话题。罗斯福总统对待他的反对者，常常会和颜悦色地说："亲爱的朋友，你到这里来和我争论这个问题，很好！但在这个问题上，我们两人的见解自然会有不同的地方，让我们换个话题来讲讲吧！"

　　这种首先亮出"免战牌"的方法，能够有效地避免无谓的冲突。

　　此外，如果总是和他人发生无谓的冲突，不仅无济于事，还会自贬身价。

　　最后，对他人做到"低压力"。如果我们想要对方接受自己的意见，而又不发生无谓的冲突，则应放弃威胁和强迫的手段，转为冷静陈述的方法，让对方感觉你不是在对他施压，将他逼进绝地。

　　如果使用威胁强迫的硬手段，只会让对方产生逆反心理，造成双方不必要的冲突。

　　要明白，避免无谓的冲突，并不是要你屈服于他人的观点和情绪上的压力而放弃自我，努力做事才是王道。

　　美国总统克林顿就曾在白宫发表过一次演讲，说道："如果要我读一遍针对我的指责，再逐一做出相应的辩解，那我还不如辞职算了。我在凭借我的知识和能力努力工作，而且始终不渝。如果事实证明我是正确的，那些反对的意见就会不攻自破，如果事实证明我是错误的，那么就算有十个天使说我是正确的，也无济于事。"

　　所以请记住，无休止的争论和冲突不仅解决不了问题，反而会让事情变得更糟。要知道，实践才是检验真理的唯一标准。

提防"刀尖上的蜜"，小心因小失大

有人曾问过这样一个问题：一个人在什么样的情况下最能体现出人品？答案其实很简单，最能体现人品的地方，必定是在丰厚的利益面前。所以，古往今来，人们想要考验一个人的人品时，通常都会特意地捧出令人难以拒绝的诱惑。只有能抵御得了诱惑的人，才能真正得到他人的信任。所以，当你眼前摆着丰厚的利益、放着难以拒绝的诱惑时，一定要先好好想想，这究竟真的是"天上掉馅饼"，还是"刀尖上的蜜"。

古语有云："君子爱财，取之有道。"是我们的就是我们的，若不是我们的，强行取之，必然会给日后埋下祸根。诚然，在现实社会里，金钱很重要，可是也有比金钱更重要的，那就是一个"信"字。如果一个人为了蝇头小利而失信于人，那么他还会有未来、还会有一番作为吗？

我们常讲，信是做人的根本。为人处世时，唯有做到信，才能拒绝利益的诱惑，得到他人的真心对待，获得事业上的成功。

南宋时期，有一个名叫黄裳的秀才。他不但学问深厚，而且做人十分诚实。

这一天，父亲让他去城中办一些事。晚上的时候，黄裳住在一家小客店里。因为走了一天的路，黄裳浑身疲惫不堪，准备洗漱一下就睡觉了。

正当黄裳往床上一躺时，忽然腰部被一个硬硬的物品硌了一下。他用手一摸，原来席子下面有东西，于是赶紧翻身下床，将席子掀开，原来这是一个布袋子。

　　黄裳拿着布袋子心想，这肯定是前面住店的客人遗忘在这里的，于是就想看看里面装的是什么。他解开布袋口的绳子后，随意将布袋子往床上一扔，只听"噼啪"一阵乱响，黄裳瞬间惊呆了。原来，布袋里装着的是一堆珍珠，大概有上百颗。

　　黄裳赶快将床上的珍珠捡起来放入布袋，他担心还有遗落在地上的，于是在房间里细细搜寻了一番。直到确定没有遗落的，才将布袋口重新扎好，放在枕头边。

　　黄裳重新上床，可是怎么也睡不着。他想，自己快要20岁了，从没有见过如此多的珍珠，这要是卖了钱，得要卖多少呀！可是，这些珍珠，究竟该如何处置呢？

　　黄裳的内心在作斗争，临睡前，他决定要将这些珍珠还给它的主人。次日醒来，黄裳收拾好东西准备办事。临走的时候，他告诉店主："假如有人来找东西，就让他到城里来找我。"说完后，他把自己在城里办事的地址写在一张纸上。

　　在城里没几天，就有人过来找他，说自己正是丢失珍珠的人。黄裳回答说："没错，我的确在店里捡了珠子，但是你说珠子是你的，可有证据吗？这样吧，我们去一个地方对证一下，以防珠子被他人冒领。"

　　于是，黄裳和这个人一同来到官府。丢失珠子的人说出了珠子品质和数量，官员打开布袋后亲自数了一遍，接着又找来珠宝店的老板当场验证，果然都与这个人说得吻合，于是当堂将装有珍珠的袋子还给了失主。

　　失主很是感激，当场就要送他几颗珠子，黄裳笑了笑说："谢谢你的好意，如果我想要珠子的话，我们肯定不会在这里；既然将珠子还给你，那我一颗也不会收的！"

　　这件事被传扬出去后，人们纷纷夸黄裳是一个诚信的人，都愿意与他打交道。

拾金不昧是一种美德，亦是厚道之人必然应该做出的行为。面对诱惑，还有比财富更贵重的东西，那就是诚信。假如一个人丧失了诚信，他绝不会有拾金不昧之举，更不会得到他人及社会的肯定。

现今的市场经济中，浮躁和贪婪已摆到桌面上，为此，我们更需要坚持诚信为本，在金钱的诱惑面前不低首。只有这样，才能成就自我、立足于世。

前几年，黑龙江省发生了这样一件真实的感人事迹。

2007年10月10日，对于全国彩民来说，这是一个令人难忘的夜晚。

双色球开奖后，头奖出现井喷，单期开出23注一等奖，其中黑龙江省的一位彩民独中15注，再加上别的奖项，这个幸运儿一共可以得到6 500多万元奖金，创下内地彩票奖金的最高纪录。

这个中奖的人是谁呢？记者开始四处寻找。原来，中奖的人是一名老板，可是在中奖的背后，却还有一个令人啧啧赞叹的故事。

这个老板喜欢买彩票，可是因为有事，于是将购买彩票的钱给了一名员工，让他替自己买些彩票。这个员工按照老板的吩咐，拿着钱买了一定的彩票。买完彩票后，晚上电视台开奖，这个员工看着摇号池不断蹦出的数字，不敢相信自己的眼睛。没错，手里的彩票的确中了大奖，而且还是15注一等奖。

这个员工没有丝毫犹豫，第一时间把中奖的情况报告给了老板，并将彩票如数归还，没有说出任何要报酬的话。

最后，记者了解到，该员工月工资只有800元，和妻子、孩子一同住在哈尔滨，生活相当艰苦。

对于这件事，市民将"史上最诚信员工"的殊荣给了他。因为诚信，他在物质及精神上获得了双佳。

按照民间的说法，只有财气太旺的人才会中奖。然而，在这位员工身上，我们不仅看到了财气，更看到了"诚信"做人的根本，看到了中华民族固有的传统美德得到充分的继承和发扬。

面对巨额大奖，对于一个生活条件比较艰苦的人来说，是何等的天文数字。这些钱预示着荣华富贵，也预示着人生将会迎来重大的转折。面对巨大的诱惑，正是体现一个人诚信的时候，巨奖就像一面魔镜，可以照出一个人的善恶、美丑。

面对诱惑的时候，唯有做到不为心动、以信待之，才能保住尊严、前程。拒绝"刀尖上的蜜"，才能真正取信于人、立足于世。

争辩无益，不如放开胸怀，一笑而过

　　人与人之间的思维观念千差万别，总是不可避免地存在争执与论辩，大至思想观念，小至看法、评论……争辩几乎无所不在。每当遇到彼此意见、想法与自己相左的情况时，很多人会出于本能地奋起辩驳，并希望大获全胜。这样一来，很多无益的争辩就发生了。岂不知，即使争辩赢了，也不代表你就胜利了。因为天底下只有一种方式能在争辩中获胜，那就是保持平静的心态，做好吃亏的准备。

　　早上一上班，身为科长的刘丹让下属魏红准备一下上报给部门经理的材料，可到了下午三点多，魏红还没有准备好，这让刘丹很恼火。直到快下班的时候，魏红才把材料交上来。当时，部门主管郭大姐正好在办公室和刘科长谈论工作。

　　刘丹拿过材料看了一下，发现里面有很多不清晰的地方，顿时很生气："魏红啊魏红，你看你这是做的什么，做了一天居然做到这种程度，太不认真了！"

　　本来魏红就因为刘丹的职位比自己升得快而心怀成见，再加上这件事，她更是难以服气，于是大声争辩说："我写得不好，那就让您这个很牛的科长自己写好了！"

　　两人一来二去，吵嚷起来。站在一旁的老员工郭大姐马上劝说："你们都别上火。刘科长，刚才王经理打电话叫你呢，你赶快去看看是不是有什么事情要处理吧！"

　　刘丹走了，郭大姐先让魏红消消气，然后对她说："我知道你为了赶这个材料很辛苦，我再看看。小魏呀，你的字写得真不错，有些观点也很鲜明呢！看来真的是咱们公司的后起之秀。不过，你再看看这个地方，我理解起来有点歧义，你可不可以帮我解释一下？"

"是吗？我再核实一下。还真是呢，我没有考虑周全，多亏郭主管帮我指了出来。我再改改。"郭大姐继续说："小魏，你很有才华，比我当初简直强得不是一丁半点。不过，做任何事情都要谦虚、谨慎一些。以你的才华和能力，再加上这两项的话，肯定很快就能出人头地。对了，你拿回去再把材料好好修改下，明天把改好的交给刘科长，这样对你自己也有好处，对不对？""您说得对，郭主管，我一定尽力，还是您想得周全。谢谢啊！"

同样一件事，不同的语气和用词就会换来不同的效果。这正是"口说一句好话，如口出莲花；口说一句坏话，如口吐毒蛇"。看完这个故事，我们不难看出，郭主管不愧是老江湖，她平时处理下属的问题时肯定平和而冷静，绝不会做一些无益的争辩。

如果我们在问题和矛盾面前能够退一步仔细思考一番，就能做出最冷静、最理性的选择。只要我们不去做一些无意义的争论，而是采取积极的态度，温和平静地对方探讨，就会取得意想不到的成效。上面的故事，就向我们证明了这一点。

我们应该向故事中的郭主管学习，为人处事时不怕吃亏，充分利用人性的"好胜心""虚荣心"，减少无益的争辩，从肯定对方出发，使其获得自尊感。这样一来，我们在处理问题时就会更加自如流畅，结果也会超乎我们的预期。既然这样，就把这些内容谨记心中吧！相信它会为我们的为人处世带来很多帮助和益处。

思泽春节前在一家大型商场买了一套西装，穿了两天后，他发现上衣褪色，导致衬衣的领子都被染成了黑色。

于是，思泽到这家商场准备退货。他找到卖给他西服的售货员，叙述了有关情况，要求退款。还没等他把话说完，售货员就开腔了。

售货小姐莫不关心地说："这款衣服我们商场都卖出上千套了，从来没人挑出毛病。"一看对方是这种态度，思泽很是恼火，他忍受不了售货小姐摆出一副漫不经心的语气，而且还指责他，好像他是来故意找茬似的。

实在忍无可忍，思泽便和她吵了起来。正吵得激烈时，又一个售货小姐加入进来，冲着思泽说："所有的黑色衣服一开始都会褪点色，这很正常，没必要大惊小怪。再说，这衣服价格这么低，褪色就更自然了，和我们卖衣服的有什么关系。"

本来思泽就很恼火，又听了这样一番话，简直都要气炸肺了，这不明摆着说他买的是劣等货吗！就在思泽打算奋起争辩、维护自己的权益时，售货部的宋经理走了过来。

宋经理让他们先停止争吵，并冷静地听完思泽的描述。两个售货小姐还想申辩，被宋经理拦下了。接着，宋经理心平气和地说，思泽的衬衣领子显然是被西服弄脏的，并且一直说无法令顾客满意的商品他们商场就不应该出售。宋经理承认了他不知道问题出在哪里，并坦率地跟思泽说："您希望我们怎样处理这套衣服呢？我们一定会尽全力让您满意。"

听了宋经理这番话，本想无论如何也要退掉衣服的思泽平静了下来。他说："我先听听你的意见吧！如果这件衣服只是暂时褪色，我可以不要求退货，不过请你帮我用其他方法解决问题。"

经过协商，宋经理答应思泽先试穿一个星期，然后再根据情况处理。同时，宋经理还承诺思泽，如果到时还不满意，他一定会为思泽换一套全新的，并对刚才店员对他的不礼貌行为表示歉意。

至此，思泽已经没有任何火气了，他满意地走出商场。试穿了一星期后，思泽没有发现衣服再有褪色问题，便给宋经理写了封感谢信，表示对他的处理方式非常满意，并称以后还会来他们商场购物。

不得不承认，宋经理在这件事情的处理上很成熟。相比来说，两个售货小姐显然差很多了。其实，不做无益的争辩，反而能为自己赢得他人的尊重，从而让自己获得更好的声誉。我们是不是该像故事中的宋经理学习呢?

保持平和的心境,不做无益的争辩,不失为做人的一种良好修养、一种充满魅力的交际技巧。它能制造出和谐的气氛,让自己活得洒脱,也更容易实现自己的想法。

只要稍微留心我们的周围,这样那样的争论几乎无处不存在:一场电影、一部小说、一个特殊事件、某个社会问题都能引起争论,甚至连某人的服饰或装扮也能引起争论。从某种意义上看,争论的过程实际上是寻求真理的过程。

然而,争辩不同于寻常说话,它是带有"敌意"的语言行为。争论的任何一方都想推翻对方的看法,树立自己的观点,因此,但凡争论留给我们的印象都是不愉快的。如果你能够在论辩之前多加思考,或许就会换一种方式和别人谈论某件事情以至于放弃争辩,如此既能做到个人心情舒畅,探求了真理,又不伤彼此的和气。

善良的灵魂，能让你避免行差就错

著名音乐家贝多芬说过："没有一个善良的灵魂，就没有美德可言。"与人为善，多帮助别人，我们才能在自己需要帮助的时候，得到别人的帮助。没有无缘无故的恨，也没有无缘无故的爱，只有不计利害得失地付出，我们才能在关键时刻收获到成功。

一个人如果没有良好的品德，就算他再有能力，取得再大的成功，也得不到别人的尊重。善良是一种美德，更是精明之人必须倚仗的。善良也是美德的传承，当我们拥有这个美德时，可以感化别人，也能感化自己，更能够感化成功。

善良是灯塔，拥有一个善良的灵魂，可以指引我们向对的方向前行，避免行差就错，一直沿着正确的轨道，走向美好的终点。

一位哲学家带着他的学生环游世界。十年时间，他们走遍了世界上的所有国家，拜访了世界上所有有大智慧的人。

归来途中，路过一片草地，哲学家和弟子们坐下来休息。哲学家问学生："十年来，我们的足迹踏遍了世界的名山大川，现在回来了，就让我们来上最后一课吧！"

哲学家问道："我们现在坐的是什么地方？"

学生回答说："草地。"

哲学家继续问道："草地上长着什么？"

学生答道："杂草。"

哲学家继续说："对，这里长满杂草，杂草是没有用处的，那我们用什么方法能把这些杂草除掉呢？"

学生非常惊讶，不是因为问题太复杂，而是因为问题太简单。有的学生说用铲子，有的说用火烧，有的说斩草要除根，一定要连根拔出来……众说纷纭，没有得出一个最好的结论。

哲学家笑笑，并不予以评论，而是说："好了，我们今天的课就上到这里。你们这一年就用自己的方法来除掉杂草，等到明年的今天，我们再来这里相聚。"

一年之后，学生都来到这里相聚，但是这里早已没有了杂草，取而代之的是一块长满谷子的庄稼地。学生等了好久，但是哲学家始终没有来。

过了十几年，哲学家去世了。学生在整理他的著作时，发现最后的地方补了几句话："要想除去旷野里的杂草，方法只有一种，那就是种上庄稼。同样，如果想让我们的灵魂没有烦恼，最好的办法就是让美好的品德占据它。"

如果没有这最后一课，学生十年的修行又有什么用呢？我们要想变得强大，最简单的办法就是拥有高尚的品德。中国传统文化非常讲究厚德载物，虽然善良在很多人看来是傻子行为，但是善良的人往往会有贵人相助，这也是善良本身带给我们的。

麦塔斯塔索说："人类的所有东西都是习惯，品行本身也不例外。"习惯是人类的第二天性，如果我们没有养成良好的习惯，只会让自己的人生充满浅薄，而失去生命的厚重感。

如果一个人没有良好的品德，就算他再有能力，取得再大的成功，也得不到别人的尊重。

赵迪从小就没有什么文化，前几年因偶然的机会在家乡搞起日用品批发，做起了分销商。

他做生意与别人不太一样：在与每个分销商分红时，赵迪主动提出自己拿小头，大头给对方。如此一来，凡是和他有过接触的人，都成了他的"回头客"，不仅愿意再次与他合作，并且还会介绍一些朋友给赵迪。时间不长，赵迪在圈子里就有了厚道的口碑，生意出奇得好。仅仅两三年光景，他就摇身一变，成了一名总经销。

　　在被问及成功的秘诀时，赵迪总是憨憨地笑。其实他知道，把许多小头集中起来便成了大头，他才是真正的赢家。

　　看得出来，赵迪用自己敢于取舍的高尚品行，换来了更多的得。如果不是几年如一日的厚道行为，恐怕也换不来今天的顾客盈门。可见，一个人一旦把良好的品行养成习惯，就会越来越受到人们的配合和尊重。这样对自己而言，何尝不是一种巨大的收获呢？

　　当然，不是所有高尚的品行都能为我们带来福报，但是我们却可以为未来积蓄价值。我们永远不知道，明天和意外哪个会先来。展现我们的好品行，其实并不是一种"傻"的行为，而是大度、宽容、善良等美德的延伸。

　　所以，让我们把良好的品行形成习惯吧！通过不断的积聚，不断的延伸，它会帮助我们获得更多人的信赖和尊重，拥有更多更大的利益。

抱紧正直的"大腿"，自然不怕走弯路

我们常说："做人要厚道。"厚道的本质实际上就是正直。正直是人立足于世的根，是个人品行的重要凭证。正直的人不管外界如何变化，都不会降低做人的底线、坚守的原则。所以，在人生道路上，只要我们能时刻抱紧正直的"大腿"，自然不怕会不小心走错路或走弯路。

可以说，正直是我们行走世间的宝贵财富。没有正直之心，就不会客观地看待和处理事务，也不会得到别人的信任和爱戴。

中兴汉朝的光武帝刘秀靠武力得到了天下，而治理国家时却是依靠法令。虽说天子犯法与庶民同罪，但是约束皇亲国戚，这些法令就体现出自己的不足之处了。

刘秀的大姐湖阳公主就是一个不守法令的典型。她仗着自己是刘秀的姐姐为所欲为。不仅是她，就连她的奴才也是如此。

当时满朝文武中有一个铁骨铮铮的汉子，叫董宣。在他的眼里，法令绝对高于特权。

有一次，湖阳公主的奴才行凶杀人之后，躲在府里不出来。如果换了别的官员主管这件事，这个家奴在府里躲一阵，事情也就不了了之了。但这次，他碰上的是董宣。依照法令，董宣不能随便去公主的府里搜查，于是他索性为公主看起门来，守株待兔，等着那名奴才出来。

过了一阵，湖阳公主外出，这名奴才跟着公主出行。董宣闻声后，马上赶了过来，拦住了湖阳公主的马车。

湖阳公主当即大怒："你好大的胆子，你也不看看我是谁，竟然敢拦我的马车？"

董宣毫不畏惧，拔出手中的佩剑，对公主说："你不应该纵容家奴行凶杀人，这触犯了国家的法令！"不仅如此，董宣当即下令把那名奴才绑起来，就地处决了。

湖阳公主气得门也不出了，当即向光武帝哭诉。光武帝听完之后也非常生气，就传召董宣进宫，准备当着公主的面责骂他一番，给公主出气。

没想到，董宣却说："陛下，请您先不要责备我。等我把话说完，就算是马上死在陛下面前，我也心甘情愿。"

光武帝问："你想说什么话？"

董宣说："皇上是一位明君，自然知道法令的重要性。如果法令只约束臣民，对皇亲国戚却没有约束力，国家会成什么样子？现在公主的家奴行凶杀人，如果不处决他，怎能堵住天下的悠悠之口？防民之口，甚于防川啊！"

董宣说完就向宫内的柱子撞去，等到被内侍拦住的时候，董宣已经血流满面了。

光武帝觉得董宣说得对，但为了顾全公主的面子，就让董宣给公主磕个头道个歉。但是董宣死都不愿意磕头。

这时内侍就按住董宣的头，想强制让他磕头，但这也奈何不了董宣。

内侍只得说："他的脖子太硬，我们按不下去！"

光武帝只是笑笑，就让内侍把董宣拉了出去。

最后，光武帝不仅没有治董宣的罪，反而赏给他三十万钱作为奖励。"强县令"董宣从此名垂青史。

不畏惧强权，始终坚持自己的原则，这是董宣坚守气节的表现。董宣不是不知道得罪公主就是得罪皇上，君让臣死，臣不得不死。但是，为了坚守气节，董宣敢于直抒己见，甚至不惜一死。结果，董宣的"硬脖子"反而让他得到光武帝的器重。光武帝深知，坚守气节是一种可贵的品质，董宣这个"强县令"绝对是个不可多得的忠臣。

毋庸置疑，人们都喜欢和正直的人打交道，只有这样，才会感到心里踏实，将重要的事交付于他。我们来看一个历史上关于正直为人的故事。

隋朝后期，天下动乱。苏世长原来是江都郡丞王世充的手下，后来王世充兵败，苏世长就投靠了高祖李渊，被封为玉山屯监。

有一次，李渊在玄武门见到苏世长，就问他："你说你是喜欢阿谀逢迎的人，还是正直不阿的人？"

苏世长回答说："我是特别愚蠢又特别正直的人。"

李渊又问："如果你像自己所说的那样正直，为什么还要背叛王世充而归顺于我？"

苏世长回答说："现在洛阳已经平定，天下一统。微臣智穷力短，这样才归顺陛下。如果王世充还在，微臣占据汉南，那么就是一个非常强大的敌人。"

李渊笑道："名长意短，言行不一，你对郑国放弃忠诚，对我却是背信弃义。"

苏世长回答说："我承认名长意短的确像陛下所说，但言行不一却不敢认同。以前大将窦融率领河西投降汉朝，从而十代封侯；而臣率领山南归顺唐朝，却只得屯监的职位。"

原来，苏世长是嫌封赐的官职太小。于是，李渊当天便下令，提升苏世长为谏议大夫。

还有一次，苏世长在披香殿陪同李渊喝酒时，发现殿堂修建得奢侈堂皇，苏世长就劝谏说："这殿堂如此富丽堂皇，一定是隋炀帝建造的。"

李渊生气地说："你实在狡诈，明明知道这殿堂是我造的，为什么反而说是隋炀帝呢？"

苏世长回答说："臣实在不知道，只不过看到这里如此奢华，实在不像受天之命的帝王爱民节用的行为。如果宫殿是陛下建造的，确实不应该。臣过去看过陛下的房屋，能够遮风挡雨就足够了。如今天下一统，陛下理应居安思危，不忘节约。"李渊听后，觉得苏世长的话也有几分道理，就虚心接受了他的建议。

苏世长是降将，地位比较特殊。面对李渊提问的时候，他既没有表示出对李渊的过分尊重，也没有表示出过分的谦卑，而是从容自若，淡定如水。正是因为苏世长掌握好了分寸，才得到高祖的赏识。

自古以来，正直都被人们看作为人处世的根本。在人们的观念里，正直的人有自己的为人处世方法，不管外界环境如何变化，他们都能以不变应万变，依靠厚道积蓄的力量与价值，度过难关。

可是，我们也发现，在社会各个阶段，在每个人所处的圈子里，总存在一些不正直的人。这些人往往当面一套，背后一套，为了一己私利，说谎话不眨眼，不守承诺，甚至违反法纪。显然，这样的人和正直相背离，与这样的人相处，人们永远不可能真的把自己的信任交付出去。

正直的人是不卑不亢的，他们有自己的原则，知道自己在坚持什么，在做什么，正因为这样，他们才不会放弃。正直的人懂得取舍，会坚持自己的原则，不会因为客观环境、客观因素的改变而改变。

所以，做人一定要正直。如果一个人没有了正直为人的基本品行，他就会毫无原则地背离事实，做出损人利己的事来。只有具备正直为人的高尚品行，才能坚守原则，尊重事实依据，不为一时的好处所迷惑，从而走错路、做错事。只有这样的人，才能让人心服口服、倍加信赖。

Chapter 5 / 三省吾身，放开胸怀
——精明的最高境界是厚道

《周易》有言："君子以厚德载物。"精明的最高境界是厚道。厚道之人，能驾驭自我，驰骋四海；厚道之人，能海纳百川，以德服人。人当学会日日自省，放开胸怀，才能拥抱更大的世界，以一颗剔透玲珑之心，笑看纷繁世界，千人千面。

厚道不是没欲望，而是经得住诱惑

　　现实生活中，我们会遇到各种各样的诱惑。诱惑面前，我们要学会分析，不要被眼前利益蒙蔽双眼。厚道之人，懂得如何做人，是自己的东西，他们会去争取；不是自己的东西，他们会选择分析，适当放弃。很多时候，我们因为自己太过于偏执，才会一条路走到黑，就算已经没了诱惑，我们也不会死心，而是选择再坚持。

　　坦然面对诱惑，是厚道做人的一种体现。质本洁来还洁去，不必因为诱惑而强加烦恼于己身。不能果断放弃诱惑，只会让野心继续扩大，恶性循环下去。多数时候，我们会被眼前利益蒙蔽双眼，等到时过境迁，就会发现，当初我们看重的，其实只是一些微不足道的小事。

　　战国时期，中国儒家的代表人物孟子名气非常大，家里经常宾客盈门。绝大多数人是慕名而来，特意向孟子求学问道。

　　一天，他的家中接连来了两位神秘人物，一位是齐王的使者，另一位是薛国的使者。对于这种国家的使者，孟子自然不敢怠慢，小心周到地接待他们。

　　齐王的使者带来一百两金子给孟子，说是齐王特意馈赠的。而孟子见他话说到此没有了下文，就婉言谢绝了齐王的馈赠，使者无奈，只好灰溜溜地走了。

　　不一会儿，薛国的使者也来求见。他给孟子带来五十两金子，说是薛王的一点心意，感谢孟子在薛国发生灾难的时候帮了大忙。孟子听了很高兴，并吩咐手下人把金子收下。

　　孟子前后大相径庭的举动，让门客感到十分奇怪，不知孟子为什么拒绝齐国馈赠的百两黄金，却接受薛国的区区五十两。陈臻率先提出这个问题，他问孟子："齐王送你一百两金子，你不肯收；薛国才送了齐国的一半，你却接受了。如果你刚才不接受是正确的话，那么现在接受就是错了；如果刚才不接受是错误的话，那么现在接受，不是前后言行不一吗？"

孟子回答说："其实，事实并不是你想的那样。在薛国的时候，我帮了他们的忙，为他们出谋划策，平息了一场战争。我也算个有功之人，这些物质奖励是我应该得到的。而齐国人平白无故地给我那么多金子，是有心收买我。君子是不可以用金钱收买的，我怎能收他们的贿赂呢？"

大家听了之后，十分佩服孟子的高明见解和高尚操守。孟子仁义的名声，从此开始远播四方。

面对无故的恩惠，孟子不为所动，不被糖衣炮弹轰炸得丧失冷静的头脑。他沉着地进行一番分析，知道哪些钱财是自己应该拿的，哪些钱财是自己不该得的。这不仅体现了孟子的厚道精明，而且告诫后人，不是所有的利益都属于自己，在诱惑面前，学会取舍，才不会给自己带来麻烦。

坦然面对诱惑，我们才不会沦为诱惑的奴隶，才会明白做人的道理。如果我们做不到，只会失去人生的主动权。诱惑的出现会让我们的野心膨胀，当我们的野心膨胀到无法抑制的时候，就会走上一条无法回头的路。更多的时候，诱惑更像催化剂，当我们尝到一点甜头，想要摆脱的时候，就会发现，诱惑已经深入我们骨子里，就算它消失了，我们也很难选择放弃。

诱惑是双向的。很多时候，诱惑会打破我们的定力防线，让我们跟着诱惑走，就算失败了，它也会毫不留情地牵引着我们。美国著名心理学家威廉·詹姆斯说过："承认既定事实，接受已经发生的事实，放弃应该放弃的，这是在困境中自救的先决条件。"认真分析诱惑，不管它是攀升还是下降，我们都应该适时找回定力，只有如此，才能抵挡住诱惑，在自己最清醒的时候做出关键选择。

三洋电机公司的创始者井植岁男就是个有强烈欲望的人。当时，三洋电机公司只有二十几个人，但是井植岁男认为，他的公司会像海洋一样宽广。他认为公司生产的自行车、自动发电等设备一定能够卖到太平洋、大西洋、印度洋，卖给全世界的每个人。所以，他把公司命名为"三洋"。正如井植岁男所料，他的三洋电机公司一步一步发展起来了，真像海洋一样掀起滔天浪花，开辟出一条属于自己的发展道路。

当然，欲望不是越多越好。井植岁男是根据自身现状做出的规划，而不是头脑发热随便说的。

一条河的岸边，几个人在钓鱼，还有几名游客在欣赏风景。这时，一名垂钓者钓上来一条大鱼，足有一尺半的样子。但是垂钓者却不为所动，他把鱼嘴上的吊钩取了下来，接着做出一个惊人的举动，把大鱼扔进了海里。

围观者非常惊讶，他们认为这个垂钓者太贪心了，竟然连这么大的鱼都不要！过了一会，垂钓者钓上来一条一尺大的鱼，又把鱼扔了下去。如此再三，垂钓者钓上来一条几寸长的小鱼。旁观者都觉得垂钓者会继续把鱼扔到河里，但出乎意料的是，他把鱼留了下来，放到鱼篓中。

旁观者表示很不能理解，就问垂钓者为什么。垂钓者解释说："我家里的盘子最大的也没有一尺长，太大的鱼钓上来，就算带回去，盘子也装不下。"

放弃大的诱惑，找到适合自己的小的诱惑，井植岁男和垂钓者都是能够正确估计自己、厚道精明的人，并且能够找到真正适合自己的梦想，凭借自己的努力，达成理想。

当诱惑出现的时候，厚道的人会选择让野心适可而止，不会让其无限制膨胀。他们知道，如果让野心膨胀到无限的时候，野心就会脱离我们的掌控区域，到那时，我们只能沦为野心的奴隶。越是这样，就越需要我们及时泼冷水，让自己冷静下来，才能在正确、理性的道路上越走越远。

成功之所以伟大，就在于他掌握在精明人的手中。在他们手中，成功会切合实际，有一个限度。在这个限度内，我们能尽最大努力取得成功。野心也是如此，不管诱惑强弱，它也需要一个限度，多一分不可，少一分不行。只有让野心在正确的轨道上发挥作用，才能体现出它的价值。诱惑只是表面现象，我们要做的就是保持自己的定力，在冷静的情况下，对事情做出合理的判断。

厚道的人不会被眼前的诱惑蒙蔽，他们能透过现象看到本质，全面分析利弊，把问题解决掉。诱惑面前，淡定一些，让厚道为我们保驾护航，我们才能拨开浓雾见青天。

在诱惑面前，厚道的人会根据自身情况进行判断，再去选择，这样他们才会凭借自己的力量，让诱惑与自己隔离。诱惑可以激起我们的野心，但是野心的大小，则取决于它掌握在谁的手中。俄国著名作家列夫·托尔斯泰说过，正是自尊和野心时常激励着他去行动，让他回味无穷的经历是在杂志上阅读关于《马克尔的笔记》的评论。托尔斯泰发现，这些评论既能供人消遣又具实用价值，这足以让厚道精明的人终生受用。

任何时候，我们都不要忘记厚道做人。不管是面对问题，还有各种诱惑，厚道是必不可少的。只有懂得厚道的人，才能精明处事。厚道一些，坦然一些，看待诱惑才会更真切一些。正因为这样，我们才能看到诱惑背后的潜在问题，做出正确的选择。

海纳百川，"有容乃大"

某机构曾做过一项调查，相关数据显示：良好的人际关系，可以让人们工作的成功率和个人幸福的达成率达到85%以上。也就是说，一个人的成功，85%取决于人际关系，剩下的15%则在于工作技能、知识、经验等。调查还发现，在被解雇的4 000名员工中，其中90%是因为人际关系不佳，只有10%是因为不称职。在年龄、文化、技能水平等实力相当的群体中，人际关系好的人，其平均年薪要比其他人高出15%～30%。

我们不难看出，良好的人际关系对于一个人的重要性。美国成功学大师戴尔·卡耐基在其著作《关爱人》一书中说道："一个能够从细微处体谅和善待他人的人，一定是一个与人为善的人，必定有很好的人缘关系，这种人缘关系就是他成功的基石。"

事实上，早在很久以前，我国古代圣贤孟子就曾告诫过世人："君子莫大乎与人为善。"意思是说，要想做一个为人称道、功成名就的君子，就要学会善待他人，这是任何想成功的人必须遵守的规则。尤其是在当今这样一个充满竞争与合作的时代，要想赢得更多人的帮助，以便成功，更需要宽厚待人，与人为善，和谐相处。

人与人之间的影响是相互的，一旦对周围的人报以宽容的心态并给予欣赏，他们也会反过来接纳和欣赏自己，我们的发展之路也就轻松顺畅很多。所谓"海纳百川，有容乃大"，大海因为拥有容纳百川的度量，才让自己变得如此宽广。人也是一样，懂得包容与欣赏，人才能越来越优秀，越来越进步。

郭子宾是一家食品销售公司的销售经理，当说起自己如今的成就时，他总说要归功于他的上级老夏。当郭子宾刚进这家公司的时候，他只是个小小的销售员，在老夏手下做事。

老夏是个性格谨慎、做事严谨的人，对下属总是板着一副严肃的面孔，工作要求极其严格，几乎到了鸡蛋里挑骨头的程度。在郭子宾看来已经做得很到位的工作，在老夏看来依然存在很多问题，郭子宾被他训斥批评，简直就是家常便饭。

所以一开始，郭子宾对老夏充满愤怒和不满，但在听别人说完老夏的奋斗历程后，郭子宾开始佩服起他来。

那时的老夏也是一名默默无名的销售员。刚到这个城市，他穷困潦倒，甚至还睡过天桥和公园的石凳，三元钱就能过一天。后来，凭着自己的勤奋和认真，他才一步一步从销售员做到如今的经理职位。他最明显的做事风格就是认真仔细，绝不容许犯不该犯的错误。虽然做销售经常会有应酬，但他从来不喝酒、不抽烟。奇怪的是，客户并没有因他的这些习惯而反感，反而对他很信任，和他相处得非常融洽，原因就在于他的认真。

渐渐了解了老夏之后，郭子宾开始冷静反思，尽管他的个性有时令自己很不舒服，但是老夏身上也有他值得学习的地方，他要学习老夏的认真和严谨。自此之后，每当老夏再次批评郭子宾，郭子宾都在心里告诉自己，他说得对，自己要认真、再认真。慢慢地，郭子宾习惯了老夏的挑剔，并从中受益。郭子宾的一些缺点也因为老夏的影响而改正了。

其实，老夏也明白自己的臭脾气很不招人待见，没有多少人能一直容忍。可是，郭子宾不但容忍了下来，还一直努力进步。慢慢地，老夏也对这个心胸宽广、肯努力的下属刮目相看，经常委以重任，这才有了郭子宾今天的成就。

从这个故事不难看出，对异于自己的人有着包容之心的人，最终得到的也将是不可估量的丰厚回报。

由此可见，人际关系对于我们的成长、发展和成功多么重要。当然，人人都希望自己能把人际关系搞得如鱼得水，可是做到这一点并非易事。之所以不容易，首先就因为很多人没有一个宽厚的胸怀，不懂得接受别人和自己不同的性格或个性等。

其实，如果我们真的能做到宽厚地看待身边的朋友、同事等，那么从另一角度来看，就们会发现每个人身上都有值得自己学习的地方。

常言道，"百人百姓""千人千面"。每个人都有不同于他人的个性习惯，正因如此，我们才各有所长、各有所短。把这些不同个性的人聚集在一起共同做事，相互间难免会发生碰撞，甚至产生矛盾。办公室里的同事或者上司、老板也各有千秋，也许他身上的某些缺点正好是你所讨厌和不喜欢的，此时你会怎么办？是豁达包容不予计较，还是太过在意而无法容忍？

我们若想拥有一个良好的人际关系，就要敞开胸怀，以一颗和善之心包容那些有着不同性格的人们。只有拥有一个宽广胸怀，包容别人的不足和不同于自己的地方，我们才能以和善的姿态相处。

当我们自我感觉良好、觉得自己比其他人优秀、又在工作中取得或大或小的成绩时，自信心也会随之膨胀。有的人此时就会觉得自己高人一等、与众不同，面对那些不如自己甚至是个性与自己相冲突的同事，就会无法容忍。哪怕是对方小小的缺点和不足，也会使自己极度反感和厌恶。

这样的高姿态，即便是无意而为，在别人看来，也是一种极其令人不适的傲慢。没有人喜欢和一个自以为是、傲慢无礼的人共事，不会与之交朋友，更别提出手相助，这样一来，我们便会失去很多人脉关系，陷入孤立无援的状态。

现代社会讲究协同合作，我们事业的成功、生活的幸福，都离不开别人的协助和影响。孤家寡人势必势单力薄，根本不可能取得最后的胜利，即便可以，但也是困难重重。所以，我们要做的就是看到别人身上的闪光点，发现他人的好，尽量包容和忽略那些令自己心烦的事。如此一来，我们就会发现其实一切没有那么糟糕，那些与自己个性迥异的同事，也有可取的一面，值得自己赞美和欣赏。

批评是家鸽，最后总飞回家里

卡耐基说："一百次中有九十九次，没有人会责怪自己任何事，不论他错得多么离谱。"的确，很多时候，我们总会为自己的失误找到理由，而对别人的过错进行责备。实际上，我们用批评和指责的方式，并不能使别人产生永久性的改变，反而会引起愤恨。一个人之所以那样做，一定有他的原因。你了解了背后的原因，也就不会对结果感到吃惊。正如亚里士多德所说："全然的了解，就是全然的宽恕。"不要责怪别人，要试着了解他们，试着明白他们为什么会那么做，这比批评更有益，也更有意义得多。

现实中，很多人做不到这一点。在与他人的交往中，一旦发现别人做得不好，就不管三七二十一地发泄出来。殊不知，这样的职责会严重影响人与人之间的友好交往，是侵袭人际关系的"毒瘤"，最终的受害者不是别人，正是你自己。

宗演禅师还是个游僧的时候，在建仁寺的俊涯禅师座下参禅。夏日的一天，天气非常闷热，宗演就利用俊涯禅师外出时躺在寺院的走廊上，伸展着四肢睡着了。不久，俊涯禅师回来了，看到宗演那种"大"字状的睡相，不禁大吃一惊。同时，听到脚步声的宗演也被惊醒，但已来不及回避，只好厚着脸假装继续睡觉。

"对不起！对不起！"俊涯禅师轻声地说道，并小心翼翼地绕过他的脚边，走进客厅。宗演此时则惭愧得冷汗淋漓！从此，一分钟也不敢放松，朝夕精进参禅！

俊涯禅师圆寂后，宗演慢慢成为一代宗师，领导三百名学僧参禅。想到过去老师对自己的慈悲，连在走廊上睡觉都不责备，所以他待学僧一向比较宽容。

后来，年老的宗演禅师每日为教育学僧而操劳，日夜无法成眠，不得已，利用静坐的时候小眠片刻。

有一次，在宗演座下习禅的一位学僧就批评道："我们的老师宗演禅师，每天打坐的时候都有打瞌睡的习惯，我们问他为什么禅坐的时候打瞌睡？老师回答说：'他是去见古圣先贤，就像孔子梦见周公一样。'"这样的批评在学僧中流传很广，甚至后来学僧也学着利用禅坐时睡觉，宗演禅师仍不厌其烦地鼓励学僧好好用功。

学僧不服气道："我们是到梦乡去见古圣先贤，就如孔子梦见周公一样。"

宗演禅师毫不生气地问道："你们见了古圣先贤，他给了你们一些什么开示？"学僧无言以对，但均有所悟。

学僧和老师的境界，终究不一样。宗演禅师蒙受老师的慈爱之恩，故也以慈爱摄受学人，但教育只有慈爱的摄受，没有威信的折服，不易养成尊师重道的心性。但宗演禅师的爱心，加上禅味，一句古圣先贤的话给了你们什么开示，终于使学僧折服，不和老师比了。

在生活和工作中，常常有这样的人，他们总喜欢严厉地责备他人，使对方产生怨恨，不觉中让彼此的沟通难以进行，事情也办得一团糟。一个人在内心深处是不愿意责备自己的，谁愿意承认自己是错误的呢？每个人都能够为自己的错误行为找出一大堆理由。即使一个人知道自己犯了错，也不愿意在公开场合承认这一点，更不愿意别人当面指出。如果有人当面指责，他会立即调动全部的智慧和力量来辩解。其实，只有不够聪明的人，才会批评、指责和抱怨别人，真正的智者则会用自己的威信让别人折服。

冀东梅在一家民营企业担任经理助理，负责协助经理做一些日常工作。但是工作过一段时间后，冀东梅察觉自己的顶头上司有一点"特别"——动不动就冲下属发火，特别爱指责下属，即使只是一点小纰漏，他也要怒气冲天。于是，冀东梅千般小心万般注意，生怕一不留神就被经理凶一顿。

即使这样，冀东梅也没躲过挨凶的"命运"。有一天，经理不知因为什么事情心情不好，一直板着脸。当冀东梅将刚整理好的文件递交给经理时，经理极其不耐烦地快速翻看了下，并且特别没好气地对冀东梅发火道："你根本就没有用心搜集资料，这点事都办不好，你还能干什么？公司花钱让你来上班，不是让你来吃闲饭的！"说完，将文件狠狠地摔在桌子上。

冀东梅被经理臭骂一顿后，心里觉得非常委屈。这些文件可是自己花了好多心血搜集整理出来的，经理不认真看也就罢了，还莫名其妙地对自己发火，冀东梅感到非常生气。

公司里和冀东梅有同样遭遇的同事不在少数，财会付小文也是"倒霉鬼"之一。

不久前，付小文因为处理工作上的其他紧急事宜而延迟了财务报表递交的时间。将财务报表交给经理的那天，恰巧经理心情不好，正在气头上。

他看都没看报表，也没问清楚原由就劈头盖脸地呵斥付小文："财务报表怎么现在才交？早干吗去了？你这种工作态度，迟早会被开除！"付小文听了，非常不服气，刚想解释，经理就挥挥手不耐烦地说："你出去吧！我不想听你解释！"

可怜付小文憋一肚子苦水，有理都没处去说。

在不断的交往接触中，同事们都发现经理爱随随便便指责别人，虽然平时没事时有说有笑的，但是他心情不好时就翻脸不认人。

私下里，大家都对经理有诸多不满，也开始怠工，对经理下达的任务和指示不再积极配合，有些工作甚至无法顺利进行。

半年多的时间过去了，这位爱胡乱指责别人的经理明显感觉到下属对自己的不满，迫于压力，他不得不选择离职。

冀东梅的经理因为自己的不快而迁怒下属，引起下属的极其不满，严重影响了正常的人际交往和工作，最终受害的还是自己。

事实上，任何尖锐的批评和攻击，得到的效果都是零。批评就像家鸽，最后总是飞回家里。当你想指责或纠正时，他们会为自己辩解，甚至反过来攻击你。成功的经验告诉我们：学会宽容和尊重，才能更好地与人相处。

宽容是对付人生苦难的手段，是为享受生命乐趣服务的。拥有宽容豁达境界的人，将拥有更多的享受生命快乐的情趣。

不指责他人，并不意味着我们要放弃必要的批评，首先应建立在尊重他人的态度之上，以对方能够接受的方式来批评。众所周知，法庭上要确定一件事情的对与错，往往要做大量细致入微的调查工作，也就是先假设无罪，通过分析找出人证物证，再做定论。日常的人际关系中也是如此，无论别人错得多么离谱，都不要指责和抱怨，先抽出哪怕一分钟的时间，先问问对方为什么这么做。

追名逐利没有错，但别成为名利的奴隶

朱熹告诫世人："凡名利之地，退一步便安稳，只管向前便危险。"这就是说，只有淡泊才能明志，只有宁静才能志远，剥去世俗的外衣，才能种下成功的种子。

追名逐利是人生于世的一种常态，并没有什么错，但我们应该始终牢记，名利不过是手中的工具，纵使再好、再吸引人，也不过是工具而已，它最大的意义是造福我们的生活，成就自我。如果为了追名逐利而失去尊严，甚至失去自我，沦为名利的奴隶，那与我们的初衷不就完全相悖了吗?

真正聪明的人都会明白，品德的高尚远比追名逐利更加重要。我们说一个人品德高尚，并不意味着他们就得不食人间烟火，完全超脱于功名利禄，与世无争，甘愿无所作为。他们只是超越一切世俗的观念，舍弃无止境的贪欲，保持一颗不为名利所累的心，以及适可而止的理智。

任何有过丰富生活阅历的人都非常清楚，一个人如果醉心于功利，就会被"名缰利锁"束缚，对褒贬毁誉斤斤计较，患得患失；一个人变得野心勃勃，贪得无厌，为了争权夺利陷入钩心斗角，就有可能泯灭良知。所以，做人要有原则和底线，保持自己的道德水平，坚守内心，对别人厚道，对自己亦如此。唯有不受名利的奴役，看清名利的力量，合理运用名利，我们才能够真正成为名利的主人。

只是现实社会五光十色，到处充斥着炫人的诱惑。对于名利这些东西，太多人只是嘴上说"视名利为粪土"，当真正面对时，却还是忍不住要争一下、抓一下。尽管最后可能弄得自己身心疲惫，但下一次还是免不了会这么做。

乾隆皇帝下江南时，曾问金山寺的一位高僧："长江中的船只每天来来往往，如此繁华，一天到底要经过多少条船？"高僧答道："这里只有两条船，一条为名，一条为利。"

名与利，始终与人生挂钩。衣食住行离不开金钱，人活着也势必要争一口气，渴望扬眉吐气、有所作为，但若把追逐名利当成人生唯一的目标，人就成了名利的奴隶。

一个人到沙漠寻找宝藏，苦走了几日，宝藏没有找到，却已水尽粮绝。没有食物，没有水，没有力气，他绝望地躺在沙漠里等着死神的降临。

临死的那一刻，他默默地向天祈祷："神啊，救救我吧！我还这么年轻，真的不想死。"

神真的出现了，问他："你想要什么？"

他急切地说："食物，水，哪怕一点点就好。"

神满足了他的要求。在吃饱喝足之后，他又继续向沙漠走去。幸运的是，没走多远，他就找到了宝藏。贪婪的他把宝藏一股脑儿全装进自己的口袋。可是，这个时候的他已经没有了足够的食物和水，无法走完剩下的路。为此，他只得带着宝藏往回走。

一路上，他的体力慢慢消耗，不得不扔掉一些宝藏。就这样，他一边走一边扔，最后把身上所有的东西都扔掉了。他又一次躺在地上，等待着死神的降临。

临死之前，神又出现了，问他："你还有什么愿望？"

他说："食物和水，我要更多的食物和水。"

死到临头，依然渴望更多的食物和水。为了捡回那些夺目的宝藏，他已然成了被名利操纵的木偶。放眼望去，我们周围熙熙攘攘的人群中，又有多少人和故事的主人公一样呢？

为了获得更多的财富，拼命地去争，甚至不惜抛弃诚信和原则，任由"金钱"的魔掌掌控自己；为了获得更高的地位，费尽心机地往上爬，甚至不惜抛弃仁义和道德，任由"名位"这根线牵引着自己。明明是自己为了名利奔波，却还自以为是自己在掌控命运。殊不知，命运早已将他们交给了名利和欲望，他们随时随地可能成为名利的牺牲品。

每个真正聪明的人，心中都应有一把尺度，衡量自己走过的路，判断自己该做的事，平和地追求成功，脚踏实地地做人，永远不会变成名利的奴隶，更不会为了名利而违背做人做事的原则。

那么，如何才能让自己在名利面前不卑不亢，保持厚道的本性呢？

很简单，保持一颗淡泊之心。简单地说，就是对功名利禄、金钱美色、得与失等，能以理智的态度对待，不是什么都不追求，什么都不在乎，而是能够平静地对待生活，对待身边的人和事，做到得到欣然接受，失去泰然处之；在鲜花掌声中不忘形，在冷嘲热讽面前故我依然。仔细想想，人生在世，名利本就是身外之物，生不带来，死不带去，根本没有必要看得太重。你一刻不停地追求和索取，也难以获得满足。相反，它只会不停地给你造成烦恼和麻烦，甚至引诱着你陷入贪欲的深渊，忘了做人之本，以致身败名裂。

在所有的处世原则中，淡泊是我们最该铭记于心的。有了一颗淡泊名利的心，才不会因为一次失败而沮丧或失态，也不会在成功面前骄傲自满；有了一颗淡泊名利的心，才能够用超然的心态看待眼前的一切，真正做到不以物喜、不以己悲，不为凡尘牵绊，不为烦恼左右；有了一颗淡泊名利的心，才不会在物欲横流的社会中失去最真的自我，始终保持一份独有的安宁和坦然。

淡泊不是要我们一门心思贪图安逸，不思进取，否则只会一事无成，它是要我们保持本真的自我，在正确和有度的欲望驱动下，不断提升自我，不至于沦为名利的奴隶。做个淡泊的人，保持一颗淡泊的心，就能抛开名利的束缚，让人性回归本真状态，从而获得心灵上的纯净和自由，在平和中收获成功。

抛弃"傻白甜"人设，做生活的勇士

　　无论你是一个什么性格的人，是天生就有很强的志向和抱负，还是比较安逸满足，无论在什么情况下，都应该做一个内心拥有责任感、勇于承担的人，凡事多为他人、为集体着想，敢于担当，积极主动。

　　当你面前出现问题时，你要做的就是战胜它、克服它。要想自己走得更远，有更多的进步和提高，就要努力把握机会，并善于发现机会。在有些人眼里，困难是危机，而在另一些人眼里，困难就是机会。善于发现问题并解决问题的人，总是会得到比其他人更多的机会，当然也会得到更多的收获。

　　以前，电视剧里的女主角特别流行一种"傻白甜"人设：自己没什么本事，一遇到事情只会哭哭啼啼，把生活的希望全部寄托于别人身上，自己则如同柔弱的菟丝花一般，根本没有能力面对生活的磨难，只能等着男一号、男二号、男三号等给自己解决问题和麻烦。

　　如今，这种价值观显然已经不被认可。相比柔弱的"傻白甜"，人们更喜欢那些聪明果敢、勇敢倔强的人。电视剧中的女主角也从"傻白甜"进化成了"白骨精"，无论在生活中还是职场上，都能冲锋陷阵，大杀四方。

　　日子总得自己过下去，没有人能替你背负你的人生，也没有人有责任或义务非得替你解决问题和困难。而困难就像人的影子，在成长轨迹中，人总会遇到一些困难，出现一些问题，但是做人首先要勇敢，无论是在生活中还是在职场中，都要做一个"来者不惧"的人，学会在困难面前不断前行，而不是逃避。

通用电气公司董事长兼首席执行官杰克·韦尔奇有句名言："要么奉献，要么滚蛋。"他的工作作风是："在其位，谋其政，不要找任何借口说自己不能够，办不到。"他自己就是如此，也要求下属这样做，不能因干不好工作而找理由推脱责任、逃避问题。一次，一个员工为了一件极难办的事找他，说自己尽力了，并说出许多客观理由，最后说无论怎样，这件事都"办不到"。杰克·韦尔奇知道这个下属就是怕得罪人，牺牲自己的利益。就在他犹豫要不要换其他人去做这件事时，一位很年轻的员工来找他，主动要求做这件难办的差事。杰克·韦尔奇对这位员工的行为很是钦佩，因为这件事的确不是那么好办。杰克·韦尔奇把这个任务交给这个年轻人，但是他暗暗为这个年轻人担心，鼓励他说："只要足够用心，任何困难都是可以解决的，相信你会做得很好！"

果然，这位年轻的员工没有令杰克·韦尔奇失望，不仅把问题解决了，为公司留住了一位大客户，还直接签了一单大生意。杰克·韦尔奇很高兴，开始重视这个年轻人，而这个年轻人就是后来接替杰克·韦尔奇担任通用公司董事长兼首席执行官的杰夫·伊梅尔特。

一个人对待问题的态度直接反映他的敬业精神和道德品行，当然，也可以反映出他能成就怎样的事业。

每个人都应该主动、积极地解决别人绕开的问题，这样才能获得比别人更多的思考、锻炼和提高机会，才能有更大的进步，获得比别人更多的成功。

然而在生活中，并不是每个人都有这样的好心态、价值观，这也决定了有的人可以一步步提升，平步青云，而有的人只能原地踏步，甚至倒退。造成这个结果的原因其实很简单，就是前进的人更用力一些，后退的人更懒惰一些。

用力的人更努力、更勇敢地前进，哪怕面对风雨，也没有停止前进的脚步。面对问题，他选择的是战胜它；懒惰的人就不一样了，他们一遇到难题就逃避，害怕面对，害怕付出，不愿努力。他们只是慵懒地等待别人解决问题，坐享其成或是在别人成功了以后泛出疾妒的目光，讽刺地说那是他们的幸运。这类人不努力只想要收获，注定不会取得成功。

如果你想获得更多的机会，就去做一个善于发现问题并解决问题的人，包括别人不去解决或望而却步解决不了的问题，你都要主动解决。在解决问题的过程中，你可以获得经验，提高技术和能力，锻炼自己的心理素质。在问题解决之后，你还会获得老板的赏识和同事的赞赏，这会成为事业上一种无形的推动力，助你走向更大的成功。

请记住，"傻白甜"的人设早已过时。在这个社会上，只有让自己成为生活的勇士，你才有资格掌控自己的人生与命运。

生活的真谛：付出、收获、享受

我们总说，在人生的道路上，每一步都要小心谨慎，别不知不觉就行差就错，让自己后悔不迭。但事实上，很多时候我们都无法预知跨出的那一步，究竟会把我们带到何处。怎样才能保证自己走的路是正确的？怎样才能避免犯错、避免后悔？

我们不是预言者，并不能准确地对所有事情下结论，更无法在选择之初就预测到事情最终的结局。即便如此，有一个原则永远不会改变，那就是生活的真谛无外乎三点：付出、收获、享受。有付出，才能有所收获，得到收获，才能顺理成章地享受。至于那些没有付出便掉到你眼前的"馅饼"，请相信，十之八九会让你难以下咽。

想要得到，就得先学会付出，这是人生永恒不变的真理。

一个下雨天，一位老太太到一家百货公司闲逛。大多数售货员只是对老太太瞧了一眼，然后就去做各自的事情了。他们看得出，老太太分明是为了躲雨才进来的，而不是购物。

只有一个店员例外，他没有像别人那样目中无人，而是主动上前和老太太打招呼，并很有礼貌地询问有什么需要自己做的。

老太太说，自己不准备买东西，只是进来躲雨。这位店员却温和地说："没关系，那请您等雨停后再走吧！"

就这样，老太太和店员聊起天来。雨下了很长时间也没有停，老太太说必须要离开了。只见这位店员拿出来一把伞，然后递给老太太，并告诉她什么时候路过这里再把伞送过来就行。

老太太很感动，她向这位店员要了一张名片，然后离开了。

几天之后，这位店员忽然被老板叫到办公室，老板把那天他借给老太太的伞给他，同时还给了他一封信。

这封信是那位躲雨的老太太写的，里面的内容大致是，让这位店员前往苏格兰，代表该公司接下一所豪宅的装潢工作。原来，那位老太太不是别人，正是钢铁大王卡耐基的母亲。

显然，卡耐基的母亲是主动为这位帮助过她的店员"送钱"来的。装修钢铁大王的豪宅，交易额能少得了吗？试想，如果当初这位店员和其他人一样，没有付出自己的热情，还会有现在的收获吗？

从这个角度讲，付出也体现了一种品质，一种修养。当我们乐于为他人付出，最终可能会得到意想不到的回报。这就和农民耕作一样，播种、浇水、除草，这期间的每一步都需要心甘情愿的付出。只有努力付出，才能有秋收时丰厚的回报。

曾经唱遍大江南北的歌曲《真心英雄》，至今依然令我们记忆犹新。其中有句歌词是这样的："不经历风雨，怎么见彩虹？"实际上，风雨的背后正是汗水的付出。换句话说，如果愿意付出，你就会得到意想不到的收获。

我们都知道，相对男性而言，女性要想取得成就，往往要付出更多的心血，承受更多的压力。在这方面，露露就是一个典型。

她为了更好地开展科研工作，组建了当地第一个研究生教学及教职工科研基地，由她担任副主任。

几年来，在她和同事们的共同努力下，该基地多次接受业内顶级专家学者的检查评估，受到广泛好评。

不仅如此，露露还在自然基金课题、科技攻关课题等方面付出大量心血。这些课题都是关于骨髓干细胞再生方面的研究。目前，干细胞移植治疗处于医学研究的前沿领域。

担此重任，露露的压力虽大，但很幸福。她希望自己在这方面能有所突破，有所创新，为干细胞移植治疗做出自己的贡献。

像露露这样的女性或许还有很多。她们为了事业，为了工作，在各自的领域全身心地付出着，直到有了成果的那一刻，她们的心情才能轻松片刻。收获果实的那一刻，也是她们最为享受的时刻。

不只是露露们，现实生活中，包括你我在内的所有人其实都应该明白，要想让自己的生活多姿多彩，让自己的生命发挥更大的价值，就要不断地付出。我们更要知道，付出不是吃亏，而是在为享受胜利的果实酝酿动听美妙的旋律。

不管是在工作上还是在生活中，只有付出，才能有所回报。比如友人之间的相处，彼此越是心底无私、坦诚相待，就越有可能赢得深厚的友谊。正如一位哲人说过：如果你懂得付出，你才能拥有财富。其实，生命就是付出、收获和享受的过程。

付出、收获、享受，这是生活的真谛。生活中的付出与收获让我们明白，付出不是吃亏，而是在为收获谱写动听、美妙的华丽乐章。

当然，付出不仅仅体现在为工作、事业的不懈奋斗中，它会在我们的生活中时时刻刻地体现出来。比如，为老人让出公交车上的座位，为问路的人指引正确的方向，为陌生人撑开雨幕下的伞……

不要吝啬你付出的任何一点儿善意，这些善意就像种子一样，播撒在生活这片土地上，终究会在某一时刻生根发芽，回赠你一片花海。

以人为镜，精明的人善于从别人身上汲取经验

判断一个事物的好坏优劣，我们通常会找一个标准或参照物，通过参照物的反射做出判断。不仅如此，有了参照物，我们还可以从对方身上看到自己的不足和错误，让自己免于走错路或走弯路。这是我们在生活中获取成功的关键一步。

《墨子·非攻》写道："君子不镜于水而镜于人。镜于水，见面之容；镜于人，则知吉于凶。"唐太宗说道："人以铜为镜，可以正衣冠；以古为镜，可以见兴替；以人为镜，可以知得失。"其实，这说的都是同一道理，即以别人为镜，可以从他人的身上得知自己的得失，并加以改正。

励志大师卡耐基说："愚者才单从自己的经验中获取教训和智慧，智者则懂得学习并活用别人的经验。"也就是说，以人为镜，我们可以从别人身上汲取到有助于自身发展的经验教训，成功的概率就会更大。

我们先来看一个故事。

圣诞节前夕，罗琳娜的姐姐买了一辆价值不菲的轿车送给她，算是圣诞节礼物。罗琳娜的姐姐非常富有，用车作为礼物，对她来说不过是九牛一毛，根本不值得一提。所以，罗琳娜对此也接受得心安理得。

圣诞节前夜，罗琳娜走出自己的公寓，准备开着新车到妈妈那里和姐姐一起过圣诞节。走出房门，罗琳娜看到一个小男孩正驻足看她的新车。看见罗琳娜走过来，小男孩问罗琳娜道："小姐，这是你的车吗？真漂亮！"

罗琳娜毫不在意地答道："哦，是的，是我姐姐送给我的圣诞节礼物。"

"你是说这车是你姐姐白送给你的？"小男孩吃惊地瞪大眼睛说道。

"哦，这没什么，反正她有的是钱。"

小男孩用羡慕的眼光盯着车，喃喃说道："我希望我将来也能……"

罗琳娜以为他接下来会说希望像她一样能有人送给他一辆车，可是小男孩的话却是："像你姐姐那样，有能力送给我妹妹一辆漂亮的汽车。"

罗琳娜吃了一惊，对这个不同寻常的小男孩产生兴趣，便邀请他上车兜了一圈。小男孩接受了邀请，还请求罗琳娜把车开到他家门前一下。罗琳娜笑了笑，以为小男孩这样做只是想在邻居小孩面前炫耀一番他是坐名车回的家。

可是，事实并非如此。车在小男孩的家门前停稳后，小男孩便飞奔回家，不一会儿便背着他腿有残疾的妹妹出来，指着罗琳娜的车高兴地对妹妹说："艾米尔，等我将来长大了，也给你买一辆这样的车，这样你就可以坐在车里去任何地方了。"

艾米尔感动得眼里含满泪花，一边用手轻轻抚摸着罗琳娜的车子，一边和哥哥讨论起将来要怎么装饰自己的车子。

罗琳娜看着小男孩和妹妹真诚的笑容，原本麻木的心被撼动了。从这对兄妹身上，她仿佛看到自己和姐姐的影子。曾经她的姐姐也对她说过，将来会送她一份很棒的礼物，如今姐姐实现了自己的诺言，可是作为妹妹的她却误解了姐姐的心意，以为这是姐姐对自己窘迫境况的嘲讽。罗琳娜的生活一直很不如意，她变得非常敏感，和姐姐之间的关系越来越糟糕，一直僵持了好几年。

回家的路上，罗琳娜到商店里为姐姐精心挑选了一份礼物。回到父母家见到姐姐，罗琳娜给了姐姐一个紧紧的拥抱，非常真诚地感谢姐姐送给她的汽车，并把准备好的礼物给了姐姐。虽然这份礼物不值几个钱，但是这是好几年后罗琳娜第一次给姐姐送礼物，姐姐激动地流下眼泪，她知道这里面充满浓浓的姐妹亲情。

罗琳娜从心底里非常感激那个小男孩，因为他就像一面镜子，让她重新看到亲情的珍贵和温暖，重拾了快乐。

一个善于从别人的批评中汲取营养的人，是真正聪明之人，他们深知以人为镜的道理。一个人的认知和自省能力是有限的，我们不可能仅凭自己就能做到时刻自省，也不可能看到自己的全部不足。俗话说："不识庐山真面目，只缘身在此山中。"那些我们看不见、想不到的地方，别人也许就能看得清清楚楚。通过他们，我们可以弥补自己的这一局限，进一步完善自我。

很多人总是自我陶醉，对自身的缺点视而不见甚至逃避，对别人则挑剔得很，只看到别人的短处和不足。如果有人批评指责自己，不但不认真反省，反而还气急败坏地怨恨对方，甚至是打击报复。

所以，请记住，判断一个事物的好坏优劣，我们可以找一个标准或参照物，从对方身上看到自己的不足，免于走错路或走弯路。

Part.2 高明处事篇

Chapter 6 / 难得糊涂
——吃点小亏，才能占上大便宜

　　"吃亏是福，你得先吃点小亏，才能占上大便宜。"这并不是一句空话。人都有趋利避害的本性，同时又都存着投桃报李的心思。你愿意吃小亏，让别人占便宜，别人自然喜欢围着你打转，好人缘就是这样建立起来的。你愿意付出，让别人得到，别人自然存了三分感激，愿意投桃报李，大便宜又还会远吗？

一心想着占便宜，最后只会什么都占不到

四大文明古国之一的古罗马有两座圣殿：一座是勤奋的圣殿，另一座则是荣誉的圣殿。只有通过勤奋的圣殿，才能到达荣誉的圣殿。有些人为了达到荣誉的圣殿，想要绕过勤奋的圣殿，最后只能是被拒之门外。

投机取巧只会让人堕落，丧失掉奋斗下去的动力，进而碌碌无为，成为别人嘲笑的对象。只有勤奋的人，才能在通往理想的道路上永远前进，得到成功的青睐。

现实生活中，我们常常会看到这样的人，总是为了小便宜而吃大亏。这样的人为什么会贪小便宜呢？因为他们想投机取巧，不想付出劳动，却想收获利益，这样即使得到一时的利益，等到时间一长，别人就会发现这种人的本质，进而远离，划地为界，不再交往。

春秋战国时期，战争频发，但却是商人暴富的最佳时候，范蠡、计然等都富了起来：越国有一个名叫虞孚的人跟着眼红了起来，梦想摆脱现状，一夜暴富。于是，虞孚找到计然先生，向他求教致富的方法。计然先生好心地告诉虞孚："现在种漆树非常赚钱。你可以先种一些漆树，等到漆树长成之后，就可以采漆卖钱。"之后，虞孚又向计然咨询了种植漆树和护理漆树的方法，计然先生有问必答，耐心指点。

虞孚回去之后就开始筹钱种漆树。三年之后，漆树长成了，虞孚非常高兴，认为自己终于有了发家的资本，如果能割数百棵的漆树运到吴国去卖，就能赚到很多钱。这时，妻子的兄长来看他，看到这些漆树就说："我经常到吴国经商，知道在吴国怎么卖漆。如果方法得

当，就能赚到更多的钱。"

虞孚听了怦然心动，赶忙请教。他妻子的兄长说："在吴国，漆非常畅销，我看到很多卖漆的人为了获得暴利，都煮漆树叶。把煮出来的漆叶膏和漆混在一起按纯漆的价钱卖出，吴国人很笨，绝对发现不了。"虞孚听了内心狂喜，就按兄长的方法做了，并且运到了吴国。

当时，吴国和越国是敌国，相互之间不通商，因此，越国的漆在吴国非常畅销。吴国人听说虞孚来卖漆，都非常高兴，以宾客的礼节接待他。双方验完货，吴国人看到他的漆都是上等货色，非常满意。双方讲好价钱，贴好封条，约定明天一手交钱，一手交货。

吴国人刚一离开，虞孚就打开了封条，把漆叶膏倒了进去。由于做得匆忙，虞孚不小心在坛子口附近留下一些痕迹。第二天，吴国人如约来取货，发现封条有动过的痕迹，就知道虞孚做了手脚，于是找了个借口，说是过几天再来交易。

虞孚在自己的住所等了半天，也不见吴国人过来交易。时间一久，漆都变质了。最后，虞孚的漆一点都没有卖出去，三年的努力付之东流。他去吴国人那里讨说法，吴国人责备他说："商人做生意，最重要的就是讲诚信，而你却明里一套，背地一套，谁还会相信你？你这是自作自受，没有人会可怜你。"

虞孚把身上带的钱都花光了，没有钱回到越国，只能在吴国乞讨为生，最后因为穷困潦倒而客死异乡。

虞孚投机取巧，作茧自缚，本来他可以依靠漆料赚到大钱，但是没想到，好端端的一件事，却因为投机取巧而付之东流。

现实生活中，很多人特别在乎一时一刻的得失，只想索取，却不想付出，于是铤而走险，不择手段，不管三七二十一，只要能达成目标就算成功。这样做往往会让事情的性质发生改变，本来是很好的事情却变成得非常坏。

为了一时的便利而投机取巧，只会为自己的未来发展埋下隐患。有长远眼光的人都知道，投机取巧有百害而无一利，让自己产生懒惰心理，既然这么容易就能把事情做成，自己为什么要大费周章、按部就班地去做呢？与其如此，不如投机取巧，如果产生这样的心理，只会让我们陷入万劫不复的境地。

荷兰最出名的花要属国花郁金香了。1593年之前，投机商人看出其中有利可图，就故意抬高郁金香的价格，一朵郁金香的价格比黄金还要贵。这些商人靠着郁金香大发横财。

很多荷兰人不知道郁金香究竟有什么用，但是一些商人看到其中的价值就大量收购，进行倒卖。他们非常确定，倒卖郁金香能够让自己收获到丰厚的利润。

正如商人所料，郁金香的价格直线上涨。到了1635年，郁金香的价格一度高达1万英镑，却仍然供不应求。一时间，欧洲人像是中了邪一般，很多人变卖家产以此作为购买郁金香的资金。有的漂亮房屋仅仅值三朵郁金香，郁金香的昂贵可想而知。

政府看到局面无法控制，马上介入，要求人们手中的郁金香要按市场价值的10%出售，以此抑制商人的投机行为。结果在短短的六周时间，郁金香的价格直线暴跌，跌幅达到90%，很多穷人的财富梦瞬间破灭，而富人则变成了乞丐。

1637年，人们才如梦初醒，郁金香的价格从7.6万美元跌到不足1美元，投机商人的这场商业战争才得以平息。

投机商人引发的郁金香争夺战长达几十年之久，由此带来的郁金香风暴席卷了整个欧洲。郁金香从不为人所知到趋之若鹜，又从顶峰跌到谷底，这一系列的变化都是投机者的骗局。富人在这场商战中成为投机者的玩物，最后落个家破人亡。

很多时候，甜蜜背后是苦涩，我们不要被炮弹外面那一层糖衣所蒙蔽。没有不劳而获的成功，更没有天上掉馅饼的好事，只有锲而不舍的努力，才是通往成功的康庄大道。

在利益的驱使下，投机取巧的人铤而走险，这也为他们将来要遭受的大灾难埋下伏笔。而真正有智慧的人，则会选择脚踏实地去努力，并且坚信，风雨过后，就能够看到彩虹。

懂得权衡的人是真的有智慧、真的精明。这样的人，就算百利仅有一害，也会决然放弃，更不要谈投机取巧了。投机取巧之后，你不仅失去了诚信，也失去了奋斗的勇气，更失去了未来。

不要总想着为成功找捷径，坚持走下去，这就是最大的捷径。那些投机取巧、急功近利的人，为了收获最大的利益，达成目标，不惜铤而走险，结果往往非常悲凉。一时的贪婪，付出的可能是一世的代价；一时的投机，毁灭的可能是一世的成功。

退一步，才能跳得更远

很多人参加过跳远这项运动，为了能够让自己跳得更远，我们往往会先后退一些，留一段距离来助跑。与人相处其实也是一样，想要从对方身上获得更多，最高明的做法不是一味地强攻，而是学会后退。后退一步，能够让你跳得更远，前进更多。

曾经有人问华人首富李嘉诚的儿子李泽楷："你父亲教了你一些怎样成功赚钱的秘诀吗？"李泽楷说，赚钱的方法他父亲什么也没有教，只教了他一些为人的道理。李嘉诚曾经这样跟李泽楷说，他和别人合作，假如他拿七分合理，八分也可以，那么拿六分就可以了。

李嘉诚的意思是说，吃亏可以争取到更多的人愿意与他合作。你想想看，虽然他只拿了六分，但现在多了一百个合作的人，现在能拿多少个六分？假如拿八分的话，一百个人会变成五个人，结果是亏是赚可想而知。

李嘉诚一生中与很多人进行过或长期或短期的合作，分成的时候，他总是愿意自己少分一点。如果生意做得不理想，他就什么也不要了，愿意吃亏。这是一种风度，一种气量，正是这种风度和气量，才有人乐于与他合作，他也就越做越大。所以，李嘉诚的成功，得益于他的恰到好处的处世交友经验。

适当地让自己有所"损失"，吃点亏，这不是愚钝，而是真高明。一时的失去，往往会给他们换来更为长远的利益。若只懂得斤斤计较，就只会在狭隘的自我思维中失去更多。

其实，关于获得与失去间的辩证关系，老祖宗早就为我们指了出来，那就是"塞翁失马，焉知非福"。在此，我们再重温一下这个故事。

古代在两国边境的一个村庄里，住着一位老翁。一天，他不小心丢了一匹马。邻居们都为他叹息，觉得他遭遇了一件很不幸的事。可老翁却不以为然，他说："你们怎么知道这不是件好事呢？"人们听他这么一说，都觉得老翁肯定是急疯了。

让大家没想到的是，几天过后，那匹丢失的马自己回来了，而且还领回来一群马。

这下可把邻居们羡慕坏了，纷纷前来向老翁道喜，还怂恿老翁大摆宴席，庆祝一下这天上掉馅儿饼的大好事。

这次又出乎大家的预料，老翁不但不高兴，反而板着脸说："你们怎么知道这不是件坏事呢？"老翁的话让大家感到扫兴，都觉得没准是这老头子乐疯了。

没多久，老翁的儿子觉得新马好玩，于是上马去骑，不小心摔断了一条腿。众人都劝老翁不要太难过，老翁却笑着说："你们怎么知道这不是件好事呢？"邻居们糊涂了，不知老翁是什么意思。

日子一天天地过着。由于两国发生战事，年轻力壮的小伙子被征去服了军役，到战场去打仗。老翁的儿子由于是个跛子才得以留下来，他和自己的父母在家乡平静地生活着。

这个家喻户晓的故事正是老子《道德经》中宣扬的一种辩证思想。基于这种辩证关系，我们可以明白，即使看起来很坏的"吃亏"，也能为我们带来意想不到的好处。那些有"手腕"的人往往总是怕便宜了别人，可到最后，吃亏的往往是自己。只有厚道的人，才不会因为吃一点亏而斤斤计较。他们知道，开始时吃点亏，是为以后的不吃亏打基础，不计较眼前的得失，是为了着眼于长远的目标。

很多人在劝诫别人时常说"眼光要放长远"，可一旦事情轮到自己头上，就全然不是那么回事了。更多的人似乎更看重眼前的利益得失。这样做的结果，一时看来是有所得，但长远看来却是有所失。那些真正精明的人，反而不会计较当前的利益得失，而是把眼光放到更久的未来。

1980年，美国有个叫希尔的年轻人采访了国家最富有的人——钢铁大王卡耐基。卡耐基在与希尔交谈后，很是欣赏他的才华，于是就对他说："我要向你挑战，在此后的20年里，你要把全部的时间都用在研究美国人的成功哲学上，然后得出一个答案。但条件是：除了写介绍信和为你引见这些人外，我不会为你提供任何的经济支持，你肯接受吗？"

虽然没有任何酬劳，但希尔相信自己的直觉，于是爽快地接受了挑战，且答应不要一丁点的报酬，为这位富翁工作了20年。这在一般人看来，希尔简直是吃了大亏，因为这20年无比珍贵，正是他年富力强、最能创造利润的时期。

最终的结果是，希尔获得了远比他应该得到的报酬还要多得多的回报。接受挑战后的20年里，希尔在卡耐基的引见下遍访全美国最富有的500名成功人士，写出了震惊世界的《成功定律》一书，并成为罗斯福总统的顾问。

希尔之所以能够取得成功，就在于他不看重眼前的得失，这也是他能够取得成功的秘密。后来，希尔在回忆这件事情时说："全国最富有的人要我为他工作20年而不给我一丁点儿报酬。一般人在面对这样一个荒谬的建议时，肯定会觉得太吃亏而推辞，可我没这么干，我认为我要能吃得这个亏，才会有不可限量的前途。"

真正的精明人，是这些敢于吃一时之亏、不计较眼前利益的人。其实，"吃亏是福"本身就是一个利益交换等式。吃亏者并不希望利益白白受损，而是希望用"吃亏"换来"福"。至于什么是"福"，每个人的见解不同。所以，用眼前利益的暂时损失换取长远的利益，这才是真正意义上的"吃亏是福"。

看破不说破，聪明放在心里就够了

受人一横眉，我们要还人一笑脸。中国人常说，宰相肚里能撑船。如果一个人没有气度胸襟，就不可能有一番大的作为。有些事情，看破不说破才是真高明；有些时候，聪明这种东西，只要放在心里就够了。

真正深谙处世智慧的人，最擅长的就是装糊涂、打太极，哪怕别人对他们颐指气使，他们往往也会选择还之以笑脸，这样对方就算有再大的怒气也发不出来。只要面儿上不撕破，吃亏的总归不会是自己。

现在社会有点浮躁，并由此诞生了一些浮躁的人。很多人在听到让自己不爽快的话语时，往往会下意识地选择更有力的回击方式，这其实极不明智。当别人对我们表现出不友好甚至准备大吵一番的时候，如果我们不能压制住怒火，两个人之间的矛盾就会越发激化，这样问题就得不到有效解决了。

受人一横眉，如果我们怒发冲冠，就算本来没有矛盾的两个人也会产生矛盾，或让矛盾激化。如果在别人的横眉冷对下抱以笑脸，结果就会大为不同。

《红楼梦》是中国四大名著之一，曹雪芹在书中就为我们讲述了这样一个化敌为友的故事。

一次，贾母等人猜拳行令，随意玩乐，黛玉无意中说出几句《西厢记》《牡丹亭》中的艳词。这类剧本在当时是禁书，而从黛玉这样的大家闺秀的口中说出，更是会被人指责为大逆不道，有伤风化。

好在许多读书不多的人没有听出来。但此事瞒得过别人，怎能瞒得过宝钗？然而，宝钗没有感情用事，图一时之快，她并没有宣之于众，借此机会让黛玉难堪，而是给黛玉留了余地，也给自己和黛玉化干戈为玉帛提供了契机。

事后，在没人处，宝钗私下叫住黛玉，冷笑道："好个千金小姐，好个尚未出阁的女孩儿！满嘴说的是什么？"一个严厉的下马威，让对方感到问题的严重性。

黛玉只好求饶说："好姐姐，你别说与别人，我以后再也不说了。"

宝钗见她满脸羞红，至此便适可而止，没再往下追问。

这已让黛玉感激不已。而宝钗更加精明的地方在于，她还设身处地、循循善诱地开导黛玉："在这些地方要谨慎一些才好，以免授人以柄。"

此番真心实意的关心，"一席话说得黛玉垂下头来吃茶，心中暗服，只有答应一个'是'了"。

此事之后，宝钗果然守口如瓶，没有向任何人透露半点黛玉失言之事。

这使黛玉改变了对宝钗一贯的成见，诚恳地对她说："你素日待人固然是极好的，然而我又是个多心的，竟没有一个人像你前日的话那样教导我……比如你说了那个，我断不会放过的；你竟毫不介意，反劝我那些话；若不是前日看出来，今日这些话，再不对你说的。"

至此，宝钗和黛玉已达成和解。

抛出话音，轻点一下，聪明之人便可领会。宝钗懂得在最恰当的时候点到为止，给黛玉留了七分颜面，给自己腾出三分空间。只有这样的"空间"多了，在深宅府第中才能容得进更多的朋友。正是因为宝钗有这种看破不说破的宽容和精明，才赢得了黛玉真心的敬服，也才能在弯弯绕绕的贾府中如鱼得水。

做人一定要有胸怀，有容人之量。这不仅是为人处世的智慧，更是个人修养的体现。大事化小，小事化了。遇到问题，不要咋咋呼呼弄得人尽皆知，这样只会让矛盾扩大，问题也得不到解决。人都是要面子的，留给他人一分薄面，我们便能从对方那里收获一分善意。

为人处世时，我们应该把目光放长远一点，常怀一颗包容、宽恕之心，懂得为别人多考虑一些。与人相处时，多看到别人的优点，发现自己的缺点，这样才能让问题解决得更圆满，使自己的交际圈子越来越宽广。

不管发生什么情况，我们最应该做的就是冷静，不要让两个人的矛盾加深，否则解决起来困难重重。世事无常，多一些宽容与谅解，我们才能看到黑暗背后的光明，让一切问题消散于无形。

唐朝武则天时期，娄师德高居宰辅之位。他是一个严于律己、有包容心的人。他的弟弟要出任代州刺史，临走前，娄师德对他说："我现在担任宰相，而你又要出任代州刺史，咱们从皇上那里得到了太多恩惠。对此，很多人难免会嫉妒，你有什么好的解决办法吗？"

娄师德的弟弟跪下说道："从今以后，就算有人朝我脸上吐口水，我也只是轻轻擦掉，不会记恨，不会让兄长为我担心的。"

娄师德正色道："这正是我所担心的。别人向你吐口水，是因为他们心有怨恨。如果你在当时就把口水擦掉，恰恰违反了他们的意愿，如此一来，就会更重他们的怨恨。所以，如果真有这样的情况发生，千万不要擦掉，而要微笑着接受，然后等待口水自然风干。"

娄师德的这番话听起来不免有些窝囊，事实上，这正是他为人处世宽容的表现，是真正的君子所为。

娄师德不仅教育弟弟要宽容，更是这样严格要求自己。当有人得罪他时，他也采取宽容退让的态度，进行自我反省，神情没有多大变化。

有一次，娄师德和当朝宰相李昭德一起出门。娄师德身体肥胖，所以走路速度比较慢，李昭德嫌娄师德走得太慢，就非常生气地说：

"哎，我被耕田的汉子给耽搁了。"娄师德听出他是在讥讽自己，但是却毫不生气，反而笑着对李昭德说："要是我不做耕田的汉子，那谁还愿意去做呢？"

娄师德这样一说，李绍德反倒觉得自己不好意思了。

有人说这是娄师德懦弱无能的表现，或者说他是个惺惺作态的伪君子。其实不然，这正是娄师德的过人之处，是他厚道大度的最好表现。在武则天统治的朝代，多少忠正贤能之士，或罢贬，或流放，或死罪及诛全祖，连狄仁杰这样的忠义之臣也差点丧命。而娄师德却能在宰相之位得以善终，这不正体现了他的精明与智慧吗？

有时候，适时地"逆来顺受"不是懦弱，而是一种豁达。当别人做的事情不能让我们满意时，我们要学会客观地看待问题，先压制住心中燃起的怒火，宽容为怀，这样才能在对方暴躁的时候保持冷静，在对方犯错的时候做正确的事。这正是厚道精神淋漓尽致的全景展现。

大人不记小人过，人与人之间发生矛盾，出现问题，就要多思考。真正精明的人，最大的特点就是大肚能容天下事，他们能够忍受别人的缺点，但不会一味地隐忍退让，毫无原则，而是在展现自己大度的同时，在气度上战胜对方，在道德水平上碾压对方，让对方认清错误并改正。

精明之人懂得化干戈为玉帛，当别人对他们横眉冷对的时候，他们会在权衡利弊之后适度地宽容，选择放下仇恨。人与人之间没有化解不了的矛盾，只有不愿化解矛盾的人。宽容一些，让一切的不美好都随风散去，存在心底，只有这样，人生才能呈现绚烂的色彩。

做事先做人，别为了占小便宜吃大亏

俗话说，做人要美，做事要精，立业先立德，做事先做人。做任何事情之前，都要从学做人开始。如果连人都做不好，还谈何事业？

背信弃义、品德低下的人，是被人厌恶和鄙视的，得不到好的结果。为了眼前的一点小利益，耍点小聪明、小智术，从表面上看，仿佛是尝到了一点甜头，实际上却丢失了人格，容易背负恶名，让自己臭名昭著，最后身陷困境，寸步难行。

一家钟表店生意惨淡，很不景气。一天，这家钟表店外面贴出一张告示，上面写着："本店有一批手表，不甚精确，每24小时会慢10秒，希望您看准再买。"

对于这一告示，人们议论纷纷，有的说老板真的是傻得可以，怎能把这样的大实话说出来呢？也有的说，老板是个诚实守信的人，买他们的东西会更让人放心。

当被询问为什么要这样做时，店老板给出的回答是："我开店的原则之一就是诚实，如果不能如实相告，我自己都不会原谅自己。"无疑，正是在这种诚实品格的影响下，该店才有了出人意料的告示。

让人们没想到的是，就在告示贴出后不久，这家钟表店的生意开始慢慢好转起来，没过几个月，居然门庭若市，生意兴隆。其中，大多数顾客是被店老板的诚实态度所打动的。

只有生性厚道的人，才会产生灵魂上的超越，不贪图那些不属于自己的利益。最终换来的，往往是别人更多的尊重和信任，相应地也会得到更多的财富。

我们的社会离不开"法"，这里的法分为两种：一是国家的法律法规，二是思想道德。一个缺乏道德观念的人，往往会做出不道德的事，哪怕他知识渊博，能力超强，都不能算是一个完善的人，都会受到人们的鄙夷。我国传统文化中强调"人"与"事"联系的必然性，认为"什么样的人就会做出什么样的事"。这正是道德之于人的重要性和必要性。

魏福清在一家民营器械厂做机车工，由于厂子不景气，半年多来他都只能领到一半的工资。后来，企业陷入困境，厂领导只好决定，工人们轮着回家休息，也就是隔月工作。这样一来，魏福清的收入就更少了，一家老小的吃喝都成了问题。

正在魏福清愁眉不展的时候，一天小时候一起玩的伙伴刘大钢找到他。魏福清这才知道刘大钢已经发财了。

原来，刘大钢从高中毕业后就到深圳打工，奋斗几年后，在亲戚的帮助下做起了小生意，慢慢地，生意越做越大，赚的钱也越来越多。发了财的刘大钢心里没有忘记生养自己的家乡和儿时的伙伴。这一次来成都，他一打听到魏福清的地址就过来了。

刘大钢说这次回来他发现家乡的变化很大，他想在家乡小城开一个酒楼的分店，正好魏福清没有事做，对这里的环境又熟悉，于是就想让他带着到处转转，看有没有合适的地段。

没过几天，在魏福清的帮助下，刘大钢选定了一处繁华地段的店面，面积三百平方米，租金一万元。刘大钢对此非常满意，他说要是在深圳，至少也得四五万元才租得下来。

由于深圳那边事业繁忙，刘大钢就拜托魏福清帮他张罗装修的事，并留下三十万元钱作为装修费用。同时，二人商定好，刘大钢负责出主意，魏福清负责操办，一个出钱一个出力，利润对半分。魏福清做梦都没有想到会有这么好的机会，于是就在工厂那边办了停薪留职，不但缓解了工厂的就业压力，自己还下海做起了生意。

刘大钢走后，魏福清就开始把全部心思投入酒店装修的事情上。

他联系了多家装修公司，货比三家，讨价还价。对于店面装修，几乎每个装修队都想"拿下"。

那天，魏福清一回到家里，妻子就很高兴地告诉他，"有个装修队的王经理下午来咱家，放下一万元钱，还留了张名片，并说希望你多多关照呢！"

魏福清看了看钱，认真地和妻子说道："这个钱我们不能要。"妻子却劝他说："没关系，没有人会知道的，即使知道了，也不是贪污公家的钱，不会犯法的。"魏福清还是坚持说："人家刘大钢对我这么信任，我绝不能做对不起人家的事，我要对得起自己的良心。"

魏福清还是拿上钱找了那位王经理，并很快敲定一个报价比王经理低两万多元、施工质量更好的装修队。装修完毕，他又忙着买厨房用具、桌子、凳子和汽炉火锅，每次写发票的时候，总是实事求是，认认真真。

虽说人品当不了饭吃，但却是我们的立身之本。一个没有良好人品的人，往小了说，会害了合作伙伴，往大了说，很可能让自己身败名裂。即便不会如此，自己的良心也会因为亏欠而充满矛盾和不安。

所以，我们要做厚道之人，老老实实做人，踏踏实实做事，这是品格高尚的人立身处世的法宝，也是人生常胜不败的正途。

有的亏，吃了才是福

常言道："种瓜得瓜，种豆得豆。"如果我们凡事能为他人着想，不怕吃亏，就相当于用自己的爱心播种了一朵花的种子。待到花开时节，我们不仅能够看到五彩斑斓的花朵，还能看到充满生机的美丽春天，这不正是之前的付出换来的"福报"吗？

一个人如果能够站在别人的角度设身处地地想问题，并用宽容、忍让的方式看待和处理与他人之间的误解和矛盾，这个人一定能够得到他人发自内心的尊敬。

被人们称为"经营之神"的日本松下电器总裁松下幸之助，有一次在家里招待客人，当时在座的六个人都点了牛排。等大家都把主餐吃完，松下让助理把烹饪牛排的主厨叫过来。助理发现，松下的牛排只吃了一半，他心里顿时打鼓，心想过会儿场面肯定会非常尴尬。

由于知道这拨客人来头很大，主厨听说让自己过来，心里顿时紧张起来。他走到松下面前，紧张地问："是不是牛排有什么问题？"

松下缓缓地说道："烹调牛排，对你已不成问题，但是我只能吃一半，原因不在于你的厨艺，牛排真的很好吃，你是位非常出色的厨师，但我已80岁了，胃口大不如前。所以，我要当面和你说清楚，是因为我担心当你看到只吃了一半的牛排被送回厨房时，心里会难过。"

听完松下的话，主厨和其他就餐者面面相觑，大家相视而笑，明白了松下的意思，并为之投去感激和敬佩的眼神。

如果换作我们是那位主厨，对于松下先生这样的对待，是不是也会感到无比荣幸呢？他是这般地为自己着想，又是这般地尊重自己。

如果我们是当场就座的客人，是不是会因为松下的做法而更加佩服他，从而更喜欢和他做生意？

或许有人会说，"人不为己，天诛地灭"。我们要说，这可能是人的本性，但绝非精妙的为人处世原则；只有尽可能地为对方着想，才是真正成功的为人处世原则。我们可以想一想，假如每个人都只顾自己，而不在乎他人的想法和感受，人和人之间的关系就会逐渐恶化。相反，如果我们都能站在对方的角度，为对方考虑，关系就会更加融洽，合作起来也就更加愉快。

因此，在任何时候、任何事情上多为他人着想吧！哪怕是为对方提供一点方便，哪怕是一个安慰的眼神，或许都能够成为别人跨越前进道路中的障碍的动力。给人方便，有时或许会让我们吃一些小亏，但这些小亏，吃了才是真正的福气。

著名物理学家斯蒂芬·霍金我们都不陌生，他的夫人简就是这样一位时时处处肯为他人着想的女性。

霍金在21岁时被诊断患有"卢伽雷病"，不久之后就完全瘫痪了，从那时开始，只能和轮椅为伴。到了43岁时，霍金因肺炎做了气管手术。此后，他完全丧失说话能力，只能靠安装在轮椅上的一个小对话机和语言合成器与他人进行交流。

然而，像霍金这样一位丧失行动与说话能力的重症患者，却取得了巨大的科学成就，这与他的妻子简对他的悉心照料和无私奉献是分不开的。

简·霍金毕业于伦敦大学。本来，她想毕业后从事外交部的工作，那也是她喜欢的。可为了照顾霍金，她毅然放弃锦绣前程，甘愿做一个辛辛苦苦而又尽职尽责的家庭主妇。虽然简做得无微不至，但这些并没有换来霍金家族某些人对她的好感，尤其是霍金那位生性孤傲的妹妹菲丽帕对她更是横挑鼻子竖挑眼，给她各种难堪。

有一次，菲丽帕生病住进医院，简和霍金去医院探望。进病房之前，简却被告知菲丽帕只想见哥哥霍金，而不想见她。听到这样的消息，简感到无比委屈和尴尬。但是很快，她就调整好自己的情绪，在心里为小姑子菲丽帕着想：生病住院的时候，难免会心情不好，自己来探望，就是希望她有一份好的心情，如果让她不愉快，岂不是违背了自己的初衷？既然她不想见自己，一定有她的道理。

简这样想着，就释然了。于是，她面带微笑目送霍金走进病房，自己则坐在病房外的椅子上等他。

之后的一天，简收到一封来自菲丽帕的信。她有些激动地打开信，没想到小姑子这次不但没有像以往那样指责和为难她，而是为以前的事向她道歉。菲丽帕还表示，从今以后，她要做简最忠实的朋友。简看着信，笑了，眼泪差点掉出来。

试想，如果探望菲丽帕的时候，简因为被拒绝探望而拂袖离开，或者冲进病房和菲丽帕理论一番，那样原本两个人不太融洽的关系就会进一步恶化。可是简却设身处地地为菲丽帕着想，选择了忍让、委曲求全。正是她的这一做法，感化了菲丽帕，而简为他人着想的美德，也逐渐感化了霍金家族上上下下所有的人。

简正是为他人着想、不怕吃亏的典范。其实，这是一种修养，一种博爱，一种睿智。因此，简·霍金也获得了世人的瞩目和尊敬。

每个人虽然是独立的个体，但是彼此之间却存在偶然或者必然的联系。也就是说，我们的生活总会直接或者间接地影响到别人的生活。只有抱着不怕吃亏、能为他人着想的心态，我们才能拥有和他人融洽相处的机会，自己也能够快乐生活。

凡事为他人着想，是一种理解、一种宽容、一种胸怀。一个善良且聪慧的人，必然能够站在对方的角度，设身处地地为他人着想。他们会用宽容、忍让的方式看待和处理与他人之间的误解和矛盾，更容易感化对方，得到他人的尊敬。

不敢吃亏，哪有胆子敢成功

大千世界，芸芸众生，每个人都有自己的生活方式，不想或不愿吃亏，亦无可厚非。然而，吃亏不仅是一种品德和境界，更是一种关于心境的角度和高度。愿意吃亏、不怕吃苦的人，总是把别人往好处想，也愿意为他人多做一些，在其看似迂腐、软弱的背后，是一个宏大、宽容而纯净的世界。

美国前总统克林顿面对个人名誉的得失时，说过这样的话："如果我每读一遍对我的指责，就做出相应的辩解，那我还不如辞职算了。如果事实证明我是正确的，那些反对意见就会不攻自破；如果事实证明我是错的，那么即使有十位天使说我是正确的也无济于事。"

成功的路不好走，最难的往往就在"敢吃亏"上。很多时候，吃亏只是暂时性的，并不说明我们傻，而是说明我们能放能收、能屈能伸。对吃亏之事一笑而过，体现的是一种胸襟。"吃亏是福"四字，其中之意不难理解：做人要能吃得了亏，过于计较个人得失，反而会舍本逐末，丢掉应有的幸福。

人活着就要坦坦荡荡，吃亏只是让我们从另一层面认识自己。能够吃亏的人，往往内心简单而淡然。他们不沉陷于是非纷争中斤斤计较，不局限在狭隘的自我思维中，体现的不仅是一种风度和品质，更是一种大智慧的超越。

被誉为"扬州八怪"之一的郑板桥，善于"养生"，即不以物喜、不以己悲。他的诗、书、画艺术精湛，号称"三绝"。他在创作过程中能把诗、书、画三者巧妙结合起来，独创一格，从而达到一种全新的艺术境界。这使他精神上有所寄托，豁达而开朗。

这一切都是他在官场上"吃亏"后的"福气"。年轻做官时，他爱护百姓，因在灾荒之年为灾民请求赈济而触犯了上级官员，最后被罢官回乡。但是郑板桥没有忧郁沮丧，也不为官场失意而郁闷不乐，而是骑着毛驴悠然回到故乡，从此专注于诗、书、画，安然幸福地过着晚年生活。

郑板桥可谓一生坎坷，但他始终以乐观的姿态面对生活。他写过两幅著名的字，就是流传至今的"难得糊涂"和"吃亏是福"。凭借这种达观大度的心态和大智若愚的智慧，郑板桥不但长寿，而且留下了传世美名。

"吃亏"与"不公平"，经常出现在我们的生活里。朋友之间有时会"吃亏"，有时会"不公平"。如果以一种达观的姿态看待所谓的"吃亏"和"不公平"，就会保持一种良好的心态，这也是创造未来的一个重要保证。

很多人总是不愿意吃亏，想着得到，但如果没有付出，哪会有回报？人生就是一个不断吃亏的过程，我们要做的就是正视吃亏，只有这样，才能做好自己，把厚道发挥到极致。

一个主动承担600元损失的生意人，没想到真的获得了六万元的销售额。

他的公司主要经营家用、公用清洗设备，由于质量上乘，服务口碑一流，在业内创下了不小的名气。

一次，销售人员联系到一笔业务：某市一家三星级的酒店，要购买一套地毯清洗设备，价值6 000多元。各项手续办好后，他立即把设备寄往该市。原本一桩不错的买卖就此成功，但没想到的是意外节生。酒店在收到设备后，说设备在运输途中损坏了，要求退货。他派人查看后得知，设备是在酒店组装时，由于操作不当出现损坏，维修费用约需600元，酒店不愿承担才要求退货。

按照常理，公司没有任何责任，他完全可以置之不理。但他认为

"吃点小亏"无所谓，维修费用由他来承担。于是，他派人把设备修好，酒店异常满意。

一个多月后，该酒店要更新其他清洗设备，首先想到的就是甘愿"吃亏"的他，一次性就定了六万多元的货。

吃亏并非了无追求、碌碌无为，而是一种理性面对得失和追求的坦然，是面对索取的豁然，是旁观他人追名逐利时仍能保持宁静和明智的超然。若能在得失面前练就一份淡泊的情怀和平释的心态，就会有一份清醒和思考，而由此达成的气质与境界，将会成为我们走向成功的必备条件之一。

纵览历史就会发现，很多厉害的人都吃过亏，而且吃亏之后还不在意，反而把自己的人生走得更加美好。比如，曾受胯下之辱的韩信，若不是能吃下充满羞辱的"亏"，哪会有日后青史留名的辉煌！

吃亏是福，接受吃亏的现实，是大度的一种表现。当然，小亏能吃，因为可以从中汲取教训，免得今后犯更大的错误；但是，大亏不能吃，吃了之后，我们很有可能一蹶不振，丧失走下去的决心。

精明的人不会在乎一城一池的得失，他们知道，在生活和工作中，收获与付出相伴而行，却不可能次次相等。有得也有失，既不会有全得，也不会是全失，而是得中有失，失中有得。吃亏是收获与付出之间的平衡、得与失中的理性。如何真正领会其中的含义，仁者见仁，智者见智，需要我们在生活中品味、在工作中体会。

正所谓"若欲取之，必先予之"，不计较一时长短，不在乎个人得失，怀着简单而纯明的心，吃亏而后得福。过分斤斤计较，貌似得到眼前小利的同时，繁杂了思想，负累了心灵，也许更重要的是，失去了长远的福报。风范需要有大智慧，有长远眼光的人修炼，驾此长风，适彼乐土，终有一天，成功会在我们的人生土壤中生根发芽，长成参天大树。

常怀感恩，幸福自然相随

"感恩的心，感谢命运……"一首《感恩的心》红遍大江南北，不管是谁，张嘴都能来那么两句。但会唱这首歌的人很多，真的能做到常怀感恩的心面对生活的人，实际上并不算很多。事实上，现实生活中，大部分的人在世事不顺遂心意时，往往会忘记感恩，对生活流露出抱怨、愤怒和沮丧等坏情绪。

传说，古希腊有一架神奇的天平，可以称出人心的重量，重量轻的就可以上天堂。

怎么理解呢？意思是说，人类各种复杂的情感和生活中的各种牵绊，每有一种就会加重人心的重量。不过，有一种情感例外，它不但不会加重人心的重量，反而会减轻，让人心长出翅膀，在天堂里飞翔，这种情感就是感恩。

说到感恩，我们不得不提到一个伟大的人物——霍金。

霍金几乎全身瘫痪，非常不幸。因为疾病，他被永久固定在轮椅上，全身上下唯一能动的只有三根手指。唯一幸运的是，他的大脑还能思考，且智商不低。一名记者曾经这样问他："霍金先生，卢伽雷病已经把你永久地固定在了轮椅上，你是否认为命运对你太不公平，让你失去了很多？"

霍金艰难地露出微笑，用那唯一会动的三根手指在键盘上艰难地敲出这样一段文字："我的手指还能活动；我的大脑还能思维；我有终身追求的理想；我有爱我和我爱着的亲人与朋友；对了，我还有一颗感恩的心。"

看完这段话，我们应该可以理解为什么霍金面对自己糟糕的身体还能面露微笑，还能以无比坚强的意志为科学事业做出伟大的思考和贡献了，原因就在于他有一颗感恩的心。命运虽然让他失去健康的身体，但是他仍然感谢还有三根手指会动，有大脑可以思考，有亲人和朋友帮助他，为他制作了这辆特殊的轮椅，为他的研究提供了经济支持。

毫无疑问，是感恩为他的坚毅提供了力量！

一说到感恩，更多的人会认为这是老生常谈。可它切切实实是一种珍贵的心态，需要我们具备。如果懂得感恩，我们就能发现生活中更多的美好，从艰难困苦中看到希望，找到慰藉，甚至得到意外的回报。

有一座小城，因为战争和天灾正在闹饥荒，很多穷人家的孩子都因饥饿而外出流窜寻找食物。

一个心地善良、家境比较殷实的面包师，出于可怜，便做了一篮子的面包免费给那些挨饿的孩子们吃，并对他们说道："这些面包，你们每人可以拿一个，在上帝降福之前，你们每天都可以来我这里领一个面包。"孩子们看见有免费的、香喷喷的面包可以吃，便蜂拥而上，争先恐后地去争抢最大的面包。不一会儿，篮子里的面包便被抢空，只剩下一个小小的面包可怜地躺在篮子里。

孩子们拿着面包纷纷散去，没有一个人对面包师说声"谢谢"。这时，一个小女孩走向前来，拿起这个小面包，并亲吻了面包师的手，表示了深深的感谢，这才离开。此时面包师才注意到，刚才孩子们在疯抢的时候，这个小女孩并没有和他们一起去抢，而是谦让地站在一旁，等大家都挑完之后，她才上前拿走最小的那个。而且，她是唯一一个向面包师表示感谢的孩子。第二天，面包师依旧做了一篮子的面包放到孩子们面前，孩子们也和昨天一样疯抢一阵之后，一句感谢的话也没说便散开了。

那个谦让的小女孩依旧是最后一个去拿。可怜的女孩拿到的面包比昨天的还小，尽管如此，她还是非常感激面包师的给予。小女孩把面包拿回了家。妈妈把面包切开，发现面包里竟然有几枚闪闪的银币。妈妈立马吩咐小女孩说："玛丽，立即把这些银币送还给面包师，这肯定是他做面包时不小心掉进去的。"玛丽听从妈妈的吩咐，立即拿起那些银币来到面包店。面包师没有把那些银币拿回，而是微笑着对小女孩说："哦，亲爱的玛丽，这些银币不是我不小心掉进去的，而是我给你的奖励，因为你有一颗感恩的心。把这些钱拿回去吧，它们已经属于你了。"

这个故事很让人感动，我们可以看出，正是小女孩懂得感恩，使她最后得到了比其他孩子还要多的给予。可见，拥有一颗感恩的心，生活也许就会给我们带来意想不到的惊喜。

不难理解，如果我们对生活总是抱着消极负面的心态，生活呈现在我们面前的也是一片黯然。如果我们能够抱着一颗感恩的心，生活就会还我们一片美好和灿烂。正如英国作家萨克雷说过："生活就是一面镜子，你笑，它也笑，你哭，它也哭。"

对照自身，我们应该懂得，不管命运给了我们什么样的安排，生活给了我们什么样的待遇，只要还活在这个世界上，哪怕一无所有，我们至少可以呼吸到清新的空气。所以，我们要始终记得生命中那些拥有和别人对我们的给予，以一颗感恩的心去对待一切，生活才能更加美好，生命过程才会更加绚丽。

多做一些，把吃亏当作对生活的回馈

大千世界，每个人都期待生活精彩，工作成功，出人头地。可是，现实环境中，竞争如此激烈，我们又凭什么获取成功呢？

其实，每个人要想在群体中站稳脚跟，都要做到这一点，只有多比别人做一点，才能获得更多的成功机会。这也符合"付出多少就得到多少"的因果法则。当然，很多时候，我们的投入并不能立竿见影地换来相应的回报，但不必气馁，只要一如既往地坚持多做一些，就像下面案例中的主人公大卫一样，说不定就能完成人生的三级跳，摘得成功的桂冠。

刚进入这家公司时，大卫只是个普通的职员，但不到五年的时间，他已经成为郑老板的左膀右臂，担任分公司的执行总裁。

当说到自己的成功之道时，大卫会平静地说："在到这家公司之后，我发现每天下班后所有人都离开办公室了，而郑总仍然继续工作。于是，我就决定下班后也不马上走，而是继续工作。尽管没有人要求我这样做，但我觉得我应该留下来，万一郑总有什么需要，我可以为他提供一些帮助。我注意到，郑总加班时经常找文件、打印材料，后来慢慢地，他就发现我在等待他的召唤，再后来，他就干脆直接召唤我，让我帮他做这些事……"

为什么郑总会养成召唤大卫的习惯呢？就是因为大卫每天会主动留下来多做一些事情，并时刻准备着为老总服务。

这样一来，大卫就获得了更多的和老总接触并得到赏识的机会。再加上他的勤勉和努力，成为不可替代的重要职员也就不是什么难事了。想必大卫升迁的秘诀，正是"多做一些"吧！

一个普通的职员，能够在几年之内升到分公司执行总裁的位置，除了其较强的业务能力外，更多的肯定是领导的信任。这正是"多做一些"的"吃亏"行为换来的。

不仅大卫如此，我们每个人其实都是一样。这种"多做一些"实际上是增加个人附加值的好机会，也是让我们迈向成功的坚实基础。

看看我们周围，是不是很多人会花费大量的时间和精力寻求成功的捷径，却不肯多花点时间和精力"多做一些"？原因很简单，就是这些人不想吃亏，不懂凡是付出必有收获才是其追求的真理。

段洪波是个20出头的小伙子，其貌不扬，还戴着厚厚的近视眼睛。去年春节刚过，他就从陕西老家来到北京，进了一家快递公司做快递员。让人们不解的是，段洪波和其他快递员不同，他不像别人那样一身休闲装，而是穿着西装扎着领带，脚下踩着一双总是擦得很亮的皮鞋。

见到他的人都说，这个傻小子，穿皮鞋送快件，也不怕累。但是段洪波不管这套，他依旧穿得"规规矩矩"的，即使夏天也会穿着白衬衫扎着领带去送快递。

对于每份快件，段洪波都认真对待。签收的时候，他会先确认签收人的身份，然后等着打开，看物品是否有误，然后再走。就是因为每次他在这些事情上耽误了时间，所以送的快件会比同事少一些，自然赚的钱也少一些。

不过，因为段洪波的服务热情，而且总是西装革履，让人们记住了他，一旦有快件，就会不自觉地想到他。

今年"五一"放假前一天，段洪波甚至腼腆地提着一袋草莓，敲响一家客户的门："我的第一份业务是在这里拿到的。为了感谢大家照顾我的工作，所以给大家送点水果，祝大家劳动节快乐。"

草莓是从街边小摊上买的，个头不是很大，但没有人说一句挑剔的话，反而有些不好意思。工作那么多年，谁也没有收到过这种礼物。而他只是一个吃辛苦饭的快递员，大家无意地让他接了几次活，实在谈不上谁照顾谁。半天，有人说道，这小子笨得还挺有人情味的。

也许是因为他的草莓，他的人情味，再有快递信件和物品，这家公司整个办公室的人都会打电话找他，还顺带把他推荐给其他公司。

于是，段洪波更忙碌了，每天马不停蹄，但即使在很热的天气里，他也会穿着白色衬衣、皮鞋，领扣扣得很整齐，从来都不随意。一次，有人跟他开玩笑说："你老穿这么规矩，一点不像送快递的，倒像卖保险的。"

他认真地回答："卖保险都穿那么认真，送快递的怎么就不能？刚培训时，领导就说，去见客户一定要衣衫整洁，这是对对方最起码的尊重，也是对我们职业的尊重。"

就这样，段洪波的快递生涯一干就是两年。这么简单的快递工作，他做得比别人都辛苦，可这样的辛苦，最后能得到什么呢？大家并不乐观，而他却做得越来越信心百倍，没有丝毫抱怨。

直到有一天，那些熟客户看到来拿快件的换了一个更年轻的男孩。打听之下才知道，段洪波已经成了主管。

段洪波是如何把一份普通的快递工作做出价值来的呢？他只是比大多数快递员用心多一点点、努力多一点点、想法多一点点。正是每天的多一点点，他超前了别人一大步，获得比别人更丰厚的回报。

故事中段洪波的表现着实让人敬佩。他的付出没有白费，最终换来的是丰厚的回报。

很多人不知道，那些能够有所成就的人，其成功的关键就在于比别人多做的那些。多做一些，就会多收获一些。所以，我们要想比别人优秀，离成功越来越近，就得抱着不怕吃亏的心态，坚持比别人多做一些。

俗话说"付出总有回报"，无数卓越人士的成功案例，不就是一个最好的说明吗？所以，我们要想成为人中翘楚，取得成功，不仅需要做好本职工作，更不要怕吃亏，坚持比别人多做一些，早晚会有意想不到的收获等着你！

Chapter 7 / 脸上戴面具
——喜怒好恶，该藏还得藏

人与人之间的交往，是联合，也是博弈。守好底牌，不要轻易被人看穿，你才能在博弈中占据优势，主导局面。人是情感动物，有喜怒，也有好恶，但有时这些心思该藏还得藏。学会在脸上戴面具，这不是虚伪，而是一种自我保护。

藏好心思，做事得靠理智来权衡

在现实生活中，每个人都在追求诸如功名、利益、事业、地位和家庭的成就。每个人的精力几乎都集中在这些方面，并为之不懈地奋斗和追逐。在这个过程，我们不可避免地会遇到一些事，需要做一些决定，有时在做决定之际，情感与理智的选择可能截然不同，这时我们究竟应该屈服于情感还是遵从理智呢？

真正聪明的做法是先藏好自己的心思，然后用理智进行权衡。当然，并非所有事情都能混为一谈，到底什么事应当顺从情感？什么事应当听从理智？什么时候应该放纵自己的心思？什么时候应该克制自己的情绪？又如何才能让情感与理智达到一个理想的平衡？这些问题说起来都是一门深奥的学问，若能掌握其中要领，无疑便是一位真正的智者了。

春秋时期，有一次，楚王宴请众大臣一起喝酒狂欢。席间，不仅有轻歌曼舞、美味佳肴，还有美女作陪——楚王让自己的两位爱妾许美人和麦美人轮番为爱将们敬酒。

正当大家欢闹喧腾之际，一阵狂风吹来，把所有蜡烛都吹灭了，整个厅堂顿时漆黑一片。

黑暗中，端坐着的许美人突然发觉，有人偷偷摸了一下她的纤纤玉手。气愤的许美人立刻把手甩开，并且趁势扯断了对方的帽带。然后，她摸着黑，匆匆回到楚王身边，附耳悄声说道："刚才有人趁黑调戏了我，那人的帽带被我扯断了。大王，您赶紧叫人把蜡烛点上，那个没有帽带的人，就是侵犯我的恶徒。"

楚王一听，反而立马阻止仆人点燃蜡烛，大声对所有人说："今天晚上，寡人非常高兴，要与各位一醉方休。来！来！来！大家都把帽子扔了，痛痛快快地喝！"

当蜡烛重新点亮的时候，一地的帽子。既然所有人都没有戴帽子，也就无人知道那个轻薄许美人的人是谁了。就这样，楚王保全了轻薄者的颜面。

后来，楚王带领人马攻打郑国，有一位将领独自率领几百人，过关斩将，奋勇杀敌，为楚王杀出一条血路，直捣郑国的都城。而这位将领正是当年轻薄许美人的那位。因为楚王的宽恕，他感激涕零，至那日起，便誓死效忠楚王，为楚王开疆辟土。

作为一个男人，自己的姬妾遭人轻薄，必然是怒火中烧。但除了是一个男人外，楚王更清楚，自己还是一个国家的王。如果只是一个平凡的男人，遇到这样的事情，自然可以顺应心意，愤怒地冲上去和对方痛打一架，既给对方一个教训，也发泄了心中的怒火。可若是一个王，就不能轻易被情感所左右，天子一怒，便可能伏尸百万，流血千里。楚王如果当场因此事而发怒，那位酒后失态的将领必然会遭到十分严厉的处罚，甚至丢掉性命，而其他将领即便嘴上不说，心中必然会生出芥蒂，长远来看，甚至对整个国家造成不可估量的影响。

成大事者，一定要懂得隐藏自己的心思和情绪，越是身居高位的人，其一举一动所能造成的影响就越大。所以，一定要懂得用理智来克制情感，凡事三思而后行。

人生不如意之事十之八九，在追逐名利与荣誉的奋斗之路上，更是如此。我们必须时时处处都精打细算，用最小的付出换取较大的利益。当然，如果这种付出触及了我们的原则和底线，那么不管能获得多大的利益，也不能做出让步。毕竟我们之所以追逐名利与荣誉，根本目的就是为了能够实现自我价值，让我们的人生拥有更多选择的权利与机会。如果在这个过程中抛弃掉底线、原则的话，还谈什么自我价值呢？只要不触及原则和底线，我们就应当拥有宽大的胸怀，学会用理智来权衡利弊得失。

有一代奸雄之称的曹操就是个非常懂得隐藏自己心思，并在关键时刻用理智权衡利弊的人。比如，他在焚烧下属私通袁绍书信的事上，就做得很漂亮，为中国历史留下了非常精彩的故事。

公元200年，曹操在官渡之战中将袁绍打败。随后，在收缴袁绍的往来书信中，曹操发现自己手下的一些将领曾给袁绍写过信。对此，他内心荡起波澜，顾虑重重，但并没有就此事展开调查行动。

这件事在别人看来，其实是查明内部有无"奸细"的最佳时机。但曹操认为，即使查出来，对自己的事业也不会有任何好处，只会引得人心惶惶，甚至有可能造成军心涣散。

曹操知道，袁绍被自己击败了，当初的那些不稳定因素也就没有了念想。自己这个时候正处于开始阶段，很需要人手，一旦调查此事，内部肯定会滋生恐慌情绪，不容易稳定局面。

考虑再三，曹操决定在这件事上"糊涂"一把，当着大臣们的面，把收缴来的信全都付之一炬，并对大家说："当绍之强，孤犹不能自保，况众人乎！"

当自己身处危难的时候，下属却心思活络地给自己找后路，遇着这种事，谁能真的不在乎呢？从情感上说，曹操心里肯定不高兴，对那些和袁绍有过书信往来的下属，必然会生出芥蒂。可曹操知道，这件事如果真的追责，牵扯必然很大，到最后可能动摇根基。重要的是，到时候要是都查得清清楚楚了，怎么处置又是一件让人骑虎难下的事情。处罚重了，损的是自己的实力；处罚轻了，损的是自己的威信和颜面。

所以，曹操很高明地藏起自己的情绪，"大度"地告诉下属：自己理解他们的想法，作为君王尚且不能自保，何况将士呢！说这样的话，做这样的事，实在是高明得很，既能收买人心，消灭不稳定因素，又能让自己从困局中脱出身来，让人不得不慨叹曹操真正精明之所在。

抬杠这事儿，输了憋屈，赢了损情谊

　　我们大概都有这样的体会，在工作或者生活中，若是有来自对方的不同意见，如果对方是用温婉的语气表达出来的，不会让自己过于抗拒；相反，如果是硬生生的话，即使对方是一片好心，保不齐也让我们心生反感。

　　由于人和人所受教育、成长环境和性格特征的不同，在与人相处中，出现矛盾在所难免。喜欢凡事与别人争个对错，大有不分上下、誓不罢休架势的人，结果不但落得个没人缘，往往事情也会办砸。精明的人懂得求同存异，在小矛盾中忍让一步，不与人发生口角，这样就会容易获得朋友，生活自然会快乐很多。

　　我们看看下面这个职场中关于"抬杠"的案例。

　　范敏在一家企业担任会计职务，由于工作时间长，她自恃资历老，学历高，平时在单位上不仅爱和同事抬杠，也喜欢与领导"顶牛"。

　　有一回，领导安排她抓紧时间去税务局报税，可范敏却认为，上司不懂财务，纯粹是瞎指挥。于是，范敏就磨磨蹭蹭地迟迟不动。领导见状对她说："再不报，就要罚款了。"范敏却说："怕什么，我做了这么多年的会计还不懂。"

　　领导又说："作为我部门的员工，你要接受领导对你的安排。"听上司这么说，范敏有点恼火地说："我来这里工作的时候，你还不知在什么地方待着呢，凭什么就得让我听你的！"

　　领导也有些气恼，但考虑到周围还有一些同事，便强压火气，没有发作。

但是，同事们看在眼里，对范敏议论纷纷——

平时和范敏关系不错的两个同事急忙劝她，其中一个说："你这是怎么了，平时和我们抬抬杠就算了，居然和自己的顶头上司顶撞。"另一个说："长此下去，上司肯定会炒你的鱿鱼，给你穿小鞋的。"于是，他们打算好好劝劝范敏。

一天，那两位与范敏关系不错的同事把她叫到一家咖啡馆，好言相劝：上司毕竟是上司，你这样和她抬杠，让她如何下台？

谁知，范敏不但不领情，反而更来劲了："就咱这领导，还用巴结她吗？"两位同事说："你不巴结没关系，但也该尊重她啊！其实，你心眼很好，就是说话太冲，难免会得罪人。"

没想到，范敏听完反而讥讽地说道："她的水平你们也看到了，让我怎么尊重！先说年龄，她28岁，我34岁，她不如我长。再说学历，她是高中没毕业，参加工作后混了个大专学历，我是正规院校毕业的本科生。再说工龄，她比我差好几年呢！她一天到晚就知道搞关系，而我辛辛苦苦埋头做账。你们说说，就她这样的人还对我指手画脚，能让我服气吗？"

同事说："这些方面人家是比你差点，可人家的协调能力比你强！"

范敏说："除了协调和上级的关系外，我看她的协调能力比我也强不到哪儿去！"

就这样，范敏与劝她的两个同事，你一言我一语地抬杠，一句劝告的话也听不进去，弄得大家面面相觑，无言以对。半年后，范敏就被单位开除了。

不难看出，喜欢抬杠较劲绝非一件好事，本是一些工作中的小事，却因为爱抬杠而影响了自己的人际关系，甚至葬送了自己的前途。

逞一时口舌之快，也许能为自己带来短暂的快意，但也会给自己的生活留下长久的隐患；一个喜欢和别人抬杠较劲的人，肯定不是一个受别人欢迎和尊重的人。

其实，不管是在生活中还是在工作中，很多事情自然而然地过去之后，当我们再回想起自己抬杠的情景时，便会觉得都是一些小事，根本不值得一提。也许隔不了多久就忘了，但若与邻里、同事、朋友相处也爱这般较劲，势必会给我们的人际关系带来极大的负面影响。

企业家牛根生说："你如果拿五分的力量跟别人较劲，别人会拿出十二分的力量跟你较劲。"可偏偏有人就好这口，凭着一张三寸不烂之舌，凡事都能讲出个"一二三"来。实际上，却不一定能让别人买账。这是因为一个会说话的人很讨人喜欢，但一个"没理搅三分"、爱抬杠的人，则不见得会受欢迎。任何人都喜欢对方话语中充满温和的感觉。

如今这个年代早已没有多少大是大非的事，相对来讲，平淡无奇的琐碎却占据着我们的生命。也许很多时候，并不是我们要跟人抬杠，却是喜欢抬杠的人为了排遣自己的积郁，释放自己的牢骚而跟我们较劲，硬要把我们的正确言论指责为错误。遇到这样的情况，最好的办法就是点一下头表示赞同即可。一个爱抬杠的人，如果我们不去驳斥他的观点，就是给他颜面；但如果我们也跟他抬杠，只能说明我们与其有一拼，差不多是"同一个模子刻出来的"。

要知道，抬杠这事儿，嘴上输了自己憋屈，赢了又有损彼此的情谊，一不小心杠出火气，大打出手，双方都讨不了好。说到底，抬杠较劲，怎么都是输，这种得不偿失的事儿，但凡是内里精明的人，都不会浪费时间和精力去做！

成熟的人，懂得与情绪为友

生活中，见到别人发脾气，恐怕是我们会经常遇到的事。我们也经常看到有人因为发脾气，最终把事情搞得一团糟。究其原因，并不是这个人的能力不够，更不是这个人不善于和他人沟通，而是因为一丁点的坏情绪导致最后不可收拾的残局。

我们都知道古希腊伟大的哲学家苏格拉底，有个关于他的故事是这样说的：有一天，他和老朋友在雅典城里一边散步，一边愉快地聊天。忽然有位愤世嫉俗的青年出现，用棍子打了他一下就跑走了。他的朋友看见了，立刻回头要找那个家伙算账。但是苏格拉底拉住他，不让他去追，朋友奇怪地问道："难道你怕这个人吗？"

"不，我绝不是怕他。"苏格拉底说。

"那么，为什么人家打你，你不还手？"

此时，苏格拉底笑着说："老朋友，你糊涂了，难道一头驴子踢你一脚，你也要踢它一脚吗？"他的朋友点点头，就不再说什么了。

与人交往，免不了产生一些摩擦或者矛盾。在这些不愉快面前，每个人处理问题的方式各不相同。如果一个人心胸豁达，懂得包容和宽恕别人，他眼中的世界永远是阳光明媚、积极向上的。如果一个人心胸狭隘，喜欢和别人斤斤计较，凡事针锋相对，这样既容易伤害到对方，又会让自己变得缺少朋友，以后遇到什么困难也难以找到辅助自己的人。

下面这则小故事，可以反映这个道理。

一头大象在森林里漫步，由于没注意，不小心踏坏了老鼠的家。大象很诚恳地向老鼠道歉，可是老鼠却不肯原谅，并且对此耿耿于怀。

此后的一天，老鼠见大象躺在地上睡觉，心中暗想："报复大象的机会来了，我要趁它睡觉的时候咬它一口。"

老鼠狠了狠心，张开嘴巴就去咬大象。但是大象的皮特别厚，老鼠根本咬不动。这时，老鼠围着大象转了几圈，发现大象的鼻子是个进攻点。

就这样，老鼠钻进了大象的鼻子，狠劲地咬了一口鼻腔黏膜。

大象被惊醒了，它感到鼻子里有一阵刺激，就猛然打了个喷嚏。没想到，大象的喷嚏冲击力太大，把老鼠射出好远，被摔得嗷嗷直叫。

经受了这次教训，老鼠开始对前来探望它的同类们说："你们一定要记住我的惨痛教训，不要睚眦必报，而应该得饶人处且饶人！"

生活中像老鼠这样的人并不罕见，他们总是无理争三分，得理不让人，小肚鸡肠，直到自己因此吃了亏方才醒悟。

两人相斗，你若由他，或许是在为今后留得一条康庄大道；但若睚眦必争，不依不饶，便是在无形中筑起一道墙。正如清朝"红顶商人"胡雪岩所言："饶人一条路，伤人一堵墙。"

从前有个尤翁，在城里开了一家典当铺。有一年年底，他忽然听到门外有一片喧闹声，便整理衣服到外面看看发生了什么事。

原来，门外有位穷邻居正和自己的伙计拉拉扯扯，纠缠不清。站柜台的伙计愤愤不平地对尤翁说："这个人将衣物押了钱，却空手来取，我不给他，他就破口大骂。您说，有这样不讲理的人吗？"门外那个穷邻居仍然是气势汹汹，不仅不肯离开，反而坐在当铺门口。

尤翁见此情景，从容地对那个穷邻居说："我明白你的意图，不过是为了度年关。这种小事，值得争得这样面红耳赤吗？"于是，他命令店员找出那位邻居的典当物，加起来共有衣服、蚊帐四五件。尤翁指着棉袄说："这件衣服御寒不能少。"又指着外袍说："这件给你拜年用，其他的东西不急用，还是先留在这里，等你有钱再来取。"那位穷邻居拿到两件衣服，不好意思再闹下去，只好离开了。

谁知，当天夜里，这个穷汉竟然死在别人的家里。原来，穷汉和别人打了一年多的官司，因为负债过多不想活了，但是死后他的妻儿将无依无靠，于是他就先服了毒药，故意寻衅闹事。他知道尤翁家富有，想敲诈一笔安家费，结果被尤翁以圆融的手法化解了，没有傻乎乎地成为他的发泄对象。于是，他就转移到另外一户人家那——和他打官司的那家。最后，这户人家自认倒霉，出面为他发落丧葬事宜，并赔了一笔"道义赔偿金"。

事后，有人问尤翁，难道是事先知情才这么容忍他。尤翁回答说："凡是无理挑衅的人，一定有所倚仗。如果在小事上不能容忍，那么灾祸就会立刻到来。"佛陀也说："与人相处之道，在于无限容忍。"

不可否认，很多灾祸是由一点小事引发的。如果在小事上不能容忍他人，斤斤计较，灾祸就会立刻到来；如果在小事上能够容忍他人，不争一时之气，灾祸自然不会找上门来。

不争一时之气，能让我们的生命充满美感，生活变得轻松，灵魂开满智慧的花朵！

荷兰哲学家斯宾诺莎说过："人心，不是靠武力征服的，而是靠爱和宽容征服的。"人非圣贤，孰能无过，得饶人处且饶人。

原谅是一种风格，宽容是一种风度。善于忍耐的人好比金子，炼出心中的渣滓更加明智；不善忍耐的人，结果正好相反。所以，要学会与情绪为友，而不是成为情绪的奴隶，这是每个成熟的人都应当做到的。

抱怨别人大材小用，不如证明自己有用

生活中，我们经常听到一些人在抱怨自己大材小用，明明是块金子，却被当作砖头来使。这些人抱怨的时候并没有从自己身上找原因，反而把责任归咎到外部环境上。岂不知，这种认为自己"大材小用"的人，是为自己掘了一个可怕的陷阱，而失败就在陷阱中潜伏。

真正的金子不会抱怨自己大材小用，而是遵循"物竞天择，适者生存"的自然法则，努力适应环境，并创造更好的生活。要知道，与环境相比，个人的力量极其微小，自己没有理由抱怨。

刘大勇从小品学兼优，从一所名牌大学毕业后，周围的人都认为他会进入一家大公司，谋求一个好职位，将来必定会干出一番大事业。

后来，刘大勇的确有了成就，但不是在"大事"上。原来，刘大勇毕业的时候，正值金融风暴袭击全球。他发现就业形势不容乐观，尤其自己学的是金融专业，想进入像模像样的公司并不是特别容易，更何况即使进去，以后的日子也未必好过。

一个偶然的机会，刘大勇听一个老乡说家乡的臊子面馆生意很好，他就想自己是不是可以在上了四年大学的青岛开一家呢。经过一番调查了解，刘大勇觉得在这里开臊子面馆可行，于是就向同学和父母分别借了点钱，租了个小店铺做起了臊子面生意。

当周围的人知道他是某重点大学毕业的大学生之后，有的人投来不以为然的眼光，有的则发出遗憾的感叹之声。不过，刘大勇从没将这些流言看在眼里，从未对自己学非所用、高学低用产生过怀疑。几年之后，刘大勇这种肯放下身段做人的心态，把他带向了成功。由于经营策略得当，刘大勇的小店生意越来越红火。不到五年时间，他那个小小的店铺升级到了现在200多平方米的中档餐厅，名气更是与日俱增。

和那些当初不肯从基层做起的同学相比，刘大勇更早地获得了生命中的"第一桶金"。

从刘大勇的事例看来，我们不要觉得自己就该是抱金饭碗的王子或者公主，因为没有人可以一步登天。如果我们能放下身段，认真、持之以恒地做好每一件事，就会发现自己的价值越来越大，人生的路也会越来越宽广。

事实上，那些在事业上取得不俗成绩的人，大多是在简单的工作和低微的职位上经过长时间的不懈努力一步一步走上来的。他们总能在一些细小的事情中找到个人成长的支点，并根据环境的改变不断调整心态，从而逐步向成功迈进。

王启昌刚刚毕业就进入一家业界数一数二的公司，他的同学和朋友都羡慕得不得了，他也感到非常骄傲。他接到录取通知书后就对朋友说："你们等着瞧吧，公司将会因为我的到来发生翻天覆地的变化，也会因为有我这样聪明的员工而感到光荣。"

王启昌以为，以自己硕士研究生的学历和学校里取得的骄人成绩，公司肯定会把他安排在管理者的岗位上。然而万万没有想到，上班第一天，他就被人领到公司下属的一个工厂里当维修工。维修工作又脏又累，而且又不体面。刚上了几天班，王启昌就一肚子抱怨："我堂堂一个硕士研究生，就让我干这种工作，老板真是瞎了眼。""这活真不是人干的，太累了，这要让我的同学知道，还不嘲笑死我啊！""老板真缺德，我讨厌死这份工作了，工资又那么低。"有了这些想法，王启昌开始不好好工作，每天都在抱怨和不满中度过。

和王启昌一起被派到工厂的何涛也是一位研究生，看上去有些呆头呆脑，每天除了傻呵呵地笑和埋头工作外，从来不抱怨自己的工作多么苦，反而常常开解王启昌："没事的，咱就把这份工作当成积累经验好了，在基层能学到很多东西呢。其实，我觉得咱们应该感谢公司和老板，是他们给了咱们第一份工作，咱们应该满足才对。"

本来王启昌就不给何涛好脸色，听了他的这番话，更觉得何涛"有毛病"了，于是翻着白眼嘟哝着说："你傻不傻啊，就这还能高兴得起来，真没出息。"

然而，几个月后，何涛被提拔到管理岗位上，王启昌还是一个维修工。他非常不满，又开始抱怨："这什么破公司？何涛这样的傻蛋都能得到重用，为什么不提拔我？"王启昌抱怨的情绪越来越重，对待工作也就更加消极。

到年底的时候，由于金融风暴的影响，公司需要裁掉一部分员工，王启昌成了第一个被裁掉的。

就工作本身而言，任何一个岗位都有其特定的意义和价值。如果以自己学历高、资格老等"硬件"条件衡量是人尽其才还是大材小用，很可能会出现故事中王启昌这样的局面，当认为自己大材小用的时候，就会产生不平衡的心理。这样一来，对工作就不会全心全意，结果也就可想而知了。那些在任何时候都不抱怨自己职位低、薪水低的人，往往能心平气和地把精力和才智运用到工作中，从而创造出骄人的成绩。如此，升职加薪也就顺理成章了。

所以，当我们被放置于一个和自己本身实力有一定悬殊的位置上时，千万不要埋怨这抱怨那，而应该放低姿态。如果你做好了普通岗位上的普通事，你的视野往往也会更加开阔，你的工作乃至整个人生才会有意想不到的机会。

远离怒气，不给冲动当俘虏

在日常生活中，我们常常遇到这样的情况：办公室的同事，悄悄到老板面前打小报告；排了很长时间的队，前面突然出现一个可耻的插队者；隔壁邻居在你正准备安睡时，却把音响开得很大；公交车上，因为拥挤，被人不小心狠狠踩了一脚；失意之时，被人落井下石，等等。在诸如此类的情况下，我们很容易会被激怒，从而做出一些令自己悔恨交加的蠢事。

若是不能控制住自己的怒火，任其蔓延，我们很难和人相处、沟通，甚至可能会影响自身发展。因此，在你愤怒而想行动时，千万要告诉自己，学会控制怒火，不怕吃眼前亏才是好汉。

从前，有个人在一夜之间突然富有起来，但是却不知道要如何处理这些钱。他向一位和尚诉苦，这位和尚便开导他说："你一向贫穷，没有智慧，现在有了钱，不贫穷了，可是依然没有智慧。近来城内信佛的人很多，有大智慧的人也不少，你出千把两银子，别人就会教你智慧之法。"那人就去城里，逢人就问哪里有智慧可买。有位僧人告诉他："你倘若遇到疑难的事，不要急着处理，或先朝前走七步，然后再后退七步，这样进退三次，智慧便来了。"那人将信将疑地离开了。

当天夜里回到家，昏黑中发现妻子与人同眠，顿时怒起，拔出刀便想行凶。这时，他忽然想起白天买来的智慧，心想：何不试试？于是，他前进七步，后退七步，各三次，然后点亮灯光再看时，发现妻子是在与自己的母亲同眠。还好他有幸买了智慧，避免了一场杀母大祸。

由此可见，我们只有学会控制住愤怒，才能为自己的成功增添筹码；持续的愤怒除了让我们身体受到危害，更会湮没我们的快乐与成功。因此，请大家牢记——愤怒的人总会打败自己。

心理学家指出，人的愤怒情绪一般只需几分钟，甚至几秒钟就可以平息下来。但如果在当时不及时把这种负面情绪转移，就会越演越烈。

你会越想越气，感觉忍无可忍，必须有所行动才能泄心头之气。等你发泄完之后，才会逐渐冷静下来。

当你冷静下来之后，回头去想时又会发现，那些冲动之下做出的事，很多时候是不应该、不理智的愚蠢行为。

在2009年的南非世界杯足球预选赛上，发生了这样一件令世人瞠目结舌的事情。

比赛双方是德国队和威尔士队，这两个队实力相当，所以比赛进行得非常激烈。

进行到下半场第38分钟时，德国队队长、功臣名将巴拉克刚刚结束防守，便抬手指向前锋波多尔斯基，因为他觉得波多尔斯基在刚才的防守中表现不够积极。就在接下来的这一刻，场上发生了令世人瞠目结舌的一幕。

波多尔斯基走到巴拉克面前，抬手拨开他的手臂，随后顺势打了巴拉克一个耳光。

显然，巴拉克并没有预料到自己的队员会在此时打自己耳光。人们都在想，作为一个功勋卓著的著名老将，在众目睽睽之下受到一个年轻球员的侮辱，巴拉克肯定会暴跳如雷，立马还手反击。

但是他没有，只是捂了一下被打的脸，愣了片刻后，又迅速投入比赛。德国队教练看情况不妙，立马就把冲动的波多尔斯基换下了场，才让德国队最终以2:0的优势战胜了威尔士队。

比赛结束后，鲁莽冲动的波多尔斯基成了媒体和大众的众矢之的，纷纷追问和谴责他为什么要打巴拉克耳光。

波多尔斯基羞悔万分，坦诚道："我是一个白痴，给队长巴拉克的那个耳光完全是不应该的，他永远都是我的偶像。"

真相大白，原来波多尔斯基那个耳光完全是冲动导致，他当时正因为自己一直没进球，心情非常郁闷，看到队长说自己不是，顿时火冒三丈，冲动之下就打出了那一巴掌。

巴拉克事后的表现，更是博得了媒体和大众的赞扬。他并没有过多指责波多尔斯基，只是平静地说："波多尔斯基还年轻，他需要学习的东西还很多，当时在比赛场上，我只是想和他讨论一下战术。"巴拉克如此冷静和大度，令波多尔斯基更加无地自容。

试想，要是巴拉克没有冷静地控制住自己的情绪，和波多尔斯基一样愤怒冲动，球场上将会上演怎样一幕令世人耻笑的闹剧，德国队也许就不会顺利赢得最终的胜利。

所以，当你遇到令你气愤冲动的情况时，一定要学会克制自己的情绪，以免这个可怕的"魔鬼"对我们造成无法补救的伤害。

在日常生活中，我们总是免不了会遭遇这样那样的矛盾和冲突。但是，每个人在选择冲动的同时，也可以选择克制或者以退为进。要知道，我们的自制是他人无法攻克的堡垒。永远要记得，控制好自己的情绪，远离怒气，别让自己成为冲动的俘虏！

Chapter 8 / "退路" 永远不嫌多
——话不要说满，事不能做绝

　　人生总是充满意外，正所谓世事难料，谁都不知道下一秒的生活会给你带来怎样的惊喜或惊吓。所以，人应当学会给自己多留几条后路，话不要说得太满，事不要做得太绝，否则一旦发生意外，便再难找到回旋的余地了。人情留一线，日后好相见，这既是一种宽容，也是一种智慧。

话别说绝，小心"打脸"

曾连任美国四届总统的富兰克林说过这样一段话："我在约束我自己的言行的时候，为了使我的行为日趋合乎情理的时候，我曾经列过一张言行约束检查表。当初那张表上只列着十二项美德，后来，有一位朋友告诉我，我有些骄傲，说这种骄傲经常在与别人的谈话中表现出来，使人觉得我盛气凌人。于是，我立刻注意到这位友人给我这难得的忠告，马上在表上增加'虚心'一项，并专门注意，我想如果做到'虚心'这一项，足以影响我的发展前途。"

一位总统都可以做到这样，更何况平凡如我们？所以，我们要尽可能地采取一些言行约束法则，让自己的言语更富有人情味。一个人若想在社会的正常交际中得到认可与肯定，就不能和不懂事的小孩子一样在公众场合率直地批评别人，而要学会用一些委婉、含蓄的方式间接地表达自己的意思。这样既能保住他人颜面，又能以情服人，无形之中为自己争得面子。请相信，只要多留心，懂得时时处处给别人留面子，很快你就会发现，最终获得更大面子的不是别人，而是自己。

一位顾客到一家服装店，要求退一条裙子。她已经把裙子带回家并且穿过了，只是她的同事都说她不适合穿这种款式的衣服，她就决定退掉。她对售货员说："我没穿过这条裙子，只是不小心弄掉了商标。我才买了两天，你们要给我退掉。"售货员看出裙子有洗过的痕迹，不给她退，她开始在店里大吵大闹，售货员只好叫来店长。

店长看了看那条裙子，也发现有洗过的痕迹。但是，如果直接向顾客说明这一点，会让顾客很没面子，让事情变得更遭，矛盾就会升级。于是，店长说："我跟您讲一件事情，前不久，我把一条刚买的运动裤和其他衣服一起放在沙发上，结果我母亲没注意，就把这条新裤子和一大堆脏衣服一起塞进洗衣机。我想，您或许也经历了这样的事情，因为这条裙子的确看得出已经被洗过了。"顾客知道再也无法辩解，而店长又为她准备好了理由——可能是她的某位家庭成员不小心将裙子当成脏衣服洗了，保全了她的面子。她红着脸说："可能是我那粗心的老公干的。"说完，收起衣服，匆忙地走了。

在人与人的交往中，如果一个人总是口下不留情，不顾及他人的面子，挑战对方的底线，对方也会防守反击，反过来将他逼上绝路。因此，说话时，我们一定要时刻告诉自己：口下留情，给别人留面子等于给自己留后路，可以让自己进退自如。

有人曾这样比喻说话留余地的好处："这好比在战场上一样，进可攻，退可守，这样有了牢固的后方，出击对方，又可及时撤回，仍然处于主动地位。虽说未必就是战无不胜，但也不会出现一败涂地的现象。"因此，说话别太绝情，要留有余地，对人对己都有好处。

尹思妍是一家服装厂的售后服务人员。多年来，她与那些挑剔的客户打交道，常常发生争执。虽然她总是赢多输少，但公司却不得不一次次为此赔钱。所以，尹思妍改变了说话策略，尽量避免同客户发生争吵，结果大不一样。

周一早上，尹思妍刚进办公室，电话铃就响了起来。她拿起话筒，销售部的一个同事焦急地在电话里对她说，厂里给客户运去的一车布料都不合格，对方已停止卸货，要求尹思妍的公司赶紧把布料运回去。

原来，在布料被卸下三分之一时，对方的技术员说这批布料的质量太次，不符合他们的质量标准。鉴于这种情况，他们拒绝接收。尹思妍立刻动身向那家工厂赶去，一路上想着应付这种局面的办法。

如果是以前，尹思妍一定会找来判别布料档次的标准规格，根据自己做了多年服装工作的经验与知识，据理力争，用尖锐的话语压倒对方，使其相信这些布料达到了标准，是对方的鉴定不对，让其下不来台。

但是这一次，她决定改变一下说话方法，用新的方式解决这个难题。尹思妍赶到现场，看见对方的技术员一脸挑衅的神态，已经摆开准备吵架的姿态。尹思妍陪他一起走到卸了一部分布料的货车旁，询问他是否可以继续卸货，这样她可以看一下情况到底怎样。尹思妍还让技术员像刚才做的那样把要退的布料堆在一边，把好的堆在另外一边。

尹思妍仔细看了看，发现对方的审查过于严格，质量衡量标准上出了问题。这种布料以亚麻为原料，技术员显然对亚麻了解不多，而亚麻恰好是尹思妍的专长。不过，尹思妍一点也没有表示要反对他的审查方式，只是问了技术员几个小问题。提问时，尹思妍也很友善，并告诉他："你完全有权利把那些你认为不合格的布料挑出来。"技术员听后，态度有了转变，开始热情起来。尹思妍又说了一些亚麻的特点。整个过程中，她没有说一句有伤技术员自尊心的话。最终，技术员承认自己对亚麻布料毫无经验，不但接收了全部布料，而且夸赞尹思妍专业知识扎实，工作能力强。尹思妍拿着支票，心情愉悦地向公司走去。

在尴尬时刻，说说圆场话，给人留面子；不揭穿他人的谎言，免得使人下不了台，这都是口下留情的表现。

常言道："人要脸，树要皮。"不难理解，人人都讲究面子。试想，如果别人没给自己面子，我们是不是会心里别扭，耿耿于怀呢？

面子就是这样一个奇妙的东西，只要有心，处处留意，就会发现，最终获得更大面子的那个人就是你自己。

想要赢得别人的友谊，和周围的人打好关系，我们就要注意，在与人交往时不说过头的话，哪怕得理也要让三分，给对方留些情面。

这既是对别人的友好和尊重，同时也可以让自己远离风险，避免被"打脸"。

所以，请记住，在与人交往的过程中，如果我们能够约束自己的言行，该说的话畅所欲言，不该说的话就烂在肚子里，不但可以解决许多不必要的麻烦，而且还可以"化干戈为玉帛"，使事情有一个圆满的结局。

咄咄逼人，逼的其实是自己

　　做人固然不能玩世不恭、游戏人生，但也不能太较真、认死理。"水至清则无鱼，人至察则无徒"，正是这个道理。那些非原则性的问题，不要太较真，这才是真正的聪明之举。

　　道理虽是这样，但在现实中，我们依然会看到或者遇到一些"至察"之人。这些人往往精明能干，但遗憾的是，他们往往孤军奋战，周围没有朋友，只是一个人在唱"独角戏"。同时，我们也会发现另外一些人，他们虽然看起来厚道、老实，但不管走到哪里，人缘都很好，当遇到困难时，别人往往也能伸出友谊之手，帮他走出困顿局面。

　　清朝末年，曾国藩借剿杀太平天国的功劳而成为一代重臣，引起慈禧太后等高层权贵的疑忌。他是用什么办法逃过"功高震主"这一悲剧结局的呢？妙招就是"装傻"。

　　后人都说曾国藩起家靠的是十三套本领，其中十一套没有留传下来，传世的只有一部相书《冰鉴》和另一本《家书》。可是，他的家书几乎全部是不厌其烦地嘱咐家里的人：哪几亩菜地该种了、该锄了；特别是要养好猪，因为不养猪就算不上一户人家……

　　别小看曾国藩写的这些鸡毛蒜皮的小事，只要把他所处的地位和清王朝最高层对他的提防之心联系起来，就不难明白他这一手的确很妙。

　　在镇压太平天国的过程中，当曾国藩第一次攻克武汉后，咸丰皇帝十分高兴，情不自禁地称赞了他几句。当时，身边一位满族大臣却说："如此一个白面书生，竟能一呼百应，恐怕未必是国家之福吧！"咸丰帝一听，脸上的笑容马上消失，久久沉默不语。

慈禧太后以女人之身当政后，对曾国藩更是大加提防。

受到猜疑的时候，曾国藩还采取了其他一些应对措施，如裁减军队，主动让出一部分兵权，把南京的防务让给八旗兵而军饷则由自己拨给等。这些办法虽然使他在权势和金钱上受了损失，却使他更加受到朝廷的信任，也避免了杀身之祸。

不管人们是机巧奸猾还是忠直厚道，几乎都喜欢傻呵呵不会弄巧算计、过分精明的人。这是一种普遍的人情心理。一个人如果总是精明外露，咄咄逼人，久而久之，别人只会对你敬而远之，最后你会发现，你的咄咄逼人，最后逼的只是自己。

做人离不开精明，但这种精明更多的是保持一种放眼长远的健康心态。那些每天抱着一把小算盘、眼盯每场买卖死缠烂打的人，就算终生不出一点差错，得到的绝不会是幸福的人生。

这很容易理解，因为有些人太较真而让别人产生压力，和这样的人交往很不舒服，所以人们会远离这些人。那些人缘好的人，多是因为他们不斤斤计较，从而赢得人们的好感和尊重。

周末的一天，林晓东接到同事王志峰的电话，王志峰想约他出去喝酒。林晓东心里有点疑惑：王志峰刚结婚没多久，正是小两口如胶似漆、缠绵难舍的时候，周末不在家陪老婆，却约自己喝酒？虽然这么想着，但林晓东还是答应了。

见面后，林晓东得知，王志峰是和老婆吵架才出来喝闷酒的。出于关心，林晓东询问了原委。原来是王志峰结婚后发现老婆有很多地方让自己无法容忍，比如没有把钥匙和手机放到固定的地方，电脑桌面总是放着很多不用的文件等。林晓东听完，跟王志峰说："你的老毛病又犯了。"

原来，王志峰是个对人对事过分挑剔的人。在工作中，打印一份材料不能有错别字自不必说，就是使用字体、字号、颜色等也不能有丝毫偏差。王志峰对自己这样要求，对别人的缺点同样不能容忍。上至领导，下至一般职员，在他眼里，人人都有毛病。因此，无论是不是自己分内的事，只要他看到了，就会不由自主地帮人家改正，被帮的人却未必领情。这样一来，他与同事的关系弄得很尴尬。由于王志峰的个性使然，所以人们见到王志峰总是敬而远之，久而久之，他的朋友越来越少。

往往我们在对别人过于挑剔和精打细算时，别人也会在对立面与我们不谋而合。这种情况下，总得有一方做出让步。如果都像故事中的王志峰这样，不管是工作还是生活，无论是同事还是朋友、家人，都难以和他愉快地相处下去，到头来，恐怕只有后悔的份儿。

从心理学角度讲，人们并不喜欢与过于精明的人交往，因为怕被算计。人活在这个世界上，原是一个删繁就简的过程，许多时候应该大智若愚，谋的是长远，是抓大放小。

所以，我们说人生在世，那些非原则问题还是不较真为好，这样更容易为我们带来好处。如果为人太精明，一占理就咄咄逼人，反而会让人更加提防、讨厌，无形中增加社会生存的困难和障碍。

居高不傲，才能稳坐钓鱼台

我国民间有句谚语，非常贴切地表现了处世之道："低头是谷穗，昂头是稗子。"人的高贵，不在于把头抬得多么高，通常饱满的谷穗，总是低着头。

假如你真的有高出他人的本领，不一定要张扬，时间自会为你证明一切。高调的自我表现，只会把周围的人变成敌人，让你变成孤家寡人。在与人共事时，保持低调和谦和，才会换得人心，他人才会更信赖、更尊重你，人际关系和地位也会更稳固。

英国大文学家萧伯纳，是一位受人尊重和敬仰的绅士。但是年轻时，他却锋芒毕露，居高自傲，得理不饶人。跟他交往后，人们总有一种受辱受屈之感。

一天，一位老友终于忍不住了，语重心长地提醒道："亲爱的朋友，你确实风趣幽默，但是有没有发现，当你不在场的时候，人们看起来总是更快乐一些。一旦你出现，所有人就都不愿、不敢开口了，因为你让他们自惭形秽！没错，你才华横溢，大家在你面前相形见绌。但如此一来，朋友将离你越来越远。这于你又有什么好处呢？"

这番话让萧伯纳大彻大悟。他体察到了一种危机感：如果自己一如既往，不收敛锋芒，全世界都会抛弃他，何止是失去朋友那么简单呢？

他当即立下重誓，从今往后低调做人，不再居高自傲，不再视人于无物，要把自己有限的精力放在文学创作上。

这一改变，奠定了萧伯纳日后在文坛上的大师地位，并且为广大读者所尊敬。

　　居高不自傲，才能进步，稳坐钓鱼台，产生积极向上的信念，赢得更加圆满的人生。

　　民间有句俗语："唱歌之前，先对调。"显然，音调找不准，一首歌就不会演唱成功，为人处世也是如此。调有高低之分，人有贤愚之别。有的人谦谦有礼，宽容大度；有些人居高自傲，目无他人；有的人稳操胜券，有的人处处受阻；有的人平步青云，有的人碌碌无为。

　　这都无一例外地表明，居高自傲者最终将不会有什么好果子吃，只有那些居高而不傲的人，往往才能成为收获颇丰的一群人。

　　据说，古代有一个叫德里奥的手艺人，做的泥人逼真而生动，让孩子们对此情有独钟。因此，德里奥的泥人在市场上非常畅销。为了不让自己的手艺失传，德里奥决定把这门绝活教给儿子艾弗尔。

　　说到艾弗尔，真的是块做手艺的好料，不仅心灵手巧，脑瓜子还转得特别快。不久，这对父子档便远近闻名了。而德里奥也惊喜地发现，艾弗尔青出于蓝而胜于蓝，做起泥人来干脆利落。可是，精益求精的德里奥总能发现很多被艾弗尔忽略的细节，每次艾弗尔也努力地改正。

　　经过一段时间，艾弗尔泥人的售价竟然超过德里奥：德里奥的泥人每个只卖3卢比，而艾弗尔的已经卖到4卢比。不过，这并没能减少一个父亲对儿子的严格要求。当艾弗尔把自己的杰作摆在父亲面前时，并没有得到过多的夸赞，却是一大堆挑出来的"刺"。

　　为了得到肯定，艾弗尔每天认真琢磨，就这样，日复一日。

　　几年过去了，艾弗尔的手艺越来越炉火纯青，他捏的泥人的市场售价不断飞涨，从5卢布一直到6卢布、7卢布……最后高达11卢布！然而，德里奥还是能找出一个又一个小瑕疵：这只右眼过大，左边肩膀太低，这家伙的指甲盖小得都快隐身了……

　　终于有一天，艾弗尔忍无可忍了，他大声质问父亲："您为什么看我的泥人就那么不顺眼呢？我认为它们已经很完美了，根本没必要再加工！即使11卢布，人们也在争相购买！"

听了这番话，德里奥惋惜地说："我的孩子，从你嘴里听到这些话，让我很伤心。因为我知道，从今以后，艾弗尔泥人的售价只能永远停留在11卢布了……"

"这是什么意思？"艾弗尔惊讶地问。

德里奥拍了拍艾弗尔的肩，说道："作为一个手工艺人，一旦居高自傲，自认为手艺到家了，那就意味着，进步将就此停止，也将失去更高的位置。"

人在社会中生活，应该学会适当弯曲，某一时刻可能会低人一等，但是从长远来看，却是有利无害，这正是人能立世的根基。

俗话说，"水满则溢，月满则亏"。古往今来，不知多少人本可以成就一番大事业，却被自满、骄傲所摧毁，留下无数历史遗憾。显然，居高自傲是增长才能和智慧的绊脚石，是实现梦想的一块暗礁。它就像一个沼泽，一旦陷进去，便难以自拔。

在战火纷飞的年代，有一位勇敢、谦和的将军，每次大军撤退时，他都独自断后，掩护全军。战后回到家乡，将军受到人们的赞扬。可是，将军并没有居功自傲，只是低调地说了一句："不是我勇敢，只因马走得太慢。"

仅仅这么一句话，将军便把自己的勇敢行为推到马的身上。然而，在人们心中，将军的英雄形象并没有因此而抵消掉一分。人们反而看到他的另一种高贵品质：居高不自傲。

无论我们拥有什么，与天地苍穹相比，与烟波浩瀚的宇宙相比，都不过是须弥芥子、沧海一粟，实在微不足道。古人曾说："地不畏其低，方能聚水成海；人不畏其低，方能孚众成王。"居高不自傲，方能稳坐钓鱼台，获得成功而圆满的人生。

退一步，是为了以后能少退几步

一位心理学家做过这样一个实验：他让志愿者回忆曾经受伤害的一个场面。在固定的时间内，志愿者要先用宽容的心态回忆，接着再用不宽容的心态回忆同样的场景。实验结果显示，志愿者在用不宽容心态回忆时的平均心率有不同程度的增加，血压也随之上升。可见，宽容有利于身心健康，并且能够消除仇恨等不良情绪。

俗话说得好："忍一时风平浪静，退一步海阔天空。"遇到事情不冲动，多一份宽容和忍让，或许可以让我们避免许多不必要的麻烦，减少很多不必要的矛盾。

善待别人就是在善待自己，学会宽恕曾经冒犯过你的人，也许只是一个极其微小的举动，但可能会为你留下一条退路，使你收获到意想不到的回报。

古希腊神话中，有一个名叫海格力斯的英雄。一天，他正在崎岖不平的山路上走着，突然看到一个鼓起的袋子，而且这个东西的位置很碍脚。于是，他抬起脚来，用力地朝袋子踩了下去。让他没有料到的是，那个袋子不但没有被踩破，反而越发膨胀起来。

海格力斯被激怒了，他抄起一根大木棍，使出吃奶的劲儿去砸那个袋子，那袋子居然开始加倍变大，直到最后整条路都堵死了。

这时，一位圣者在海格力斯身后出现了。他和颜悦色地对海格力斯说："年轻人，赶紧住手！离它远一些！这个袋子叫仇恨袋，如果你不惹它，它就会缩小到你刚看到它时的样子。如果你不断地侵犯它，它就会膨胀得越来越大，那时你永远没办法从这里通过了。"

看完这个故事，我们是不是可以反观自身，是不是经常会犯和海格力斯同样的错误？遇到矛盾的时候，总是不愿意吃亏，而是向对方步步紧逼，认为如果自己先做出让步就是没面子、没尊严的表现。这样只会导致矛盾不断被激化和升级，最后发展到无法收拾的地步。

不可否认，生活在大千世界中，我们免不了会与别人产生一些矛盾与摩擦。面对这些不快，每个人的处理方式各不相同。如果一个人心胸豁达，懂得包容和宽恕别人，他眼中的世界将永远都是阳光明媚、积极向上的。相反，心胸狭隘的人总是和别人针锋相对、斤斤计较，这样不但会伤害别人，自己也会变得消极落寞。

唐朝有个布袋和尚，他出游的时候看到一个农民正在田里插秧。只见农夫一边插一边后退着，绿油油的秧苗便一株株地立了起来。布袋和尚看到此景，不禁感叹道："手把青秧插满园，低头便见水中间。心底清净方为道，退步原来是向前。"

面朝黄土背朝天的农民之所以要后退着插秧，是为了不把秧苗插歪。秧苗四周的距离整齐了，才会收获更多的粮食。

很多时候，我们之所以选择后退，是为了能够更好地前进。然而，社会竞争日益激烈，很多人为了生存不停地向前赶路，已经忘记了后退的姿势，这种状态是很危险的。厚道的人在遇到事情的时候，会给自己一些冷静思考的时间，让自己拥有更加广阔的心境，从而做出更加睿智的决定。

我们需要清楚的是，退让和宽容并不会让我们失去尊严。相反，它恰恰是一种心胸豁达、成熟理智的表现。一时地退让不仅可以避免矛盾的加深，还能换来别人的尊重和感激。敌意和仇恨就像一面不断增长的墙，而宽容和退让则像一条不断加宽的路。我们要学会宽容别人，善待恩怨，尊重自己不喜欢的人。因为宽容别人就是在宽容自己，在宽容别人的同时，也为自己营造了一个安宁的心境。

世界上没有不犯错的人，但如果能用一颗宽容的心原谅别人的过失，包容别人的错误，自然会赢来别人的感激与尊敬，很多矛盾与过节也能够迎刃而解。如果凡事都要斤斤计较，得理不饶人，虽然为自己挣足了面子，实际上却失去了很多宝贵的东西。

因此，我们不妨转换一下思维，用博大的心胸包容万物。当我们退一步之后，就会看到出乎意料的美丽和意想不到的奇迹。生活中，我们确实需要前进，但要记住，暂时的后退也可以换得未来的前进。

生活总会发生一些不如意的事，面对这些事情时，选择前进或后退将会给我们带来截然不同的结局。当你的朋友背叛你的时候，你是选择伺机报复还是宽容他呢？当有人在背后恶语中伤你的时候，你是想用同样的坏话攻击他，还是保持缄默、泰然处之？宽容是一种至高的人生境界，遇到矛盾的时候，不妨把自己的刺收起来，后退一步，站在别人的角度考虑一下。只有能够原谅和包容他人，才能达到宠辱不惊的境界。

话不要说满，轻易许诺只会更快失去信赖

美国国父华盛顿说过："一定要信守诺言，不要去做力所不及的事情。"这位伟人告诫人们，为达到目的而去轻诺别人，结果却不能如约履行，极易失去人的信赖。

古人讲"君无戏言"，说的正是承诺。对于信守承诺之人，很多人常常嘲笑，说他们不懂得变通，墨守成规。可是假如一个人不信守承诺，长此以往，有谁还会相信他呢？

西周时期，君主周武王去世，周成王随后继位，然而由于周成王年纪尚小，就由他的叔父周公旦摄政。周公充分发挥聪明才干，根据周王朝的实际情况，制定出一套典章，将周朝治理得国泰民安。

这天，周成王闲来无事，就与弟弟叔虞在宫内的一棵梧桐树下玩耍。正当他们玩得起劲的时候，一阵秋风吹来，梧桐树上的叶子纷纷落下。

周成王顺手捡起一片叶子，一起兴起，就用小刀将其切成一个玉圭。这个玉圭在当时是分封诸侯的符信形状，于是就将它随手送给叔虞，并开玩笑地说："弟弟，我要封你一块土地，这个先给你。"

叔虞接过周成王用梧桐叶做成的"圭"，兴奋地拿着它跑到叔父周公那里，告知了此事。

此时因成王年幼，周公旦代替执掌国政。他听了叔虞的话后，便立即换上礼服，忙跑到宫中向成王道贺。周成王见叔父向自己道贺，不明所以，于是不解地问："叔叔，您为什么要特地穿上礼服，还有为什么要向我道贺呢？"

看着已将树叶"圭"忘得一干二净的成王，周公依然面带微笑，

对成王解释道："皇上，刚刚我听说你已经册封了你的弟弟叔虞！这是件非常好的事情，我怎能不赶来道贺呢？"

"啊——你说的是那件事啊！"周成王恍然大悟，这才想起来，不禁哈哈大笑："哦，叔叔，我记起来了。那只是我与叔虞闹着玩的，并非要真的册封他！"

成王的话刚落音，孰料周公立即收起笑容，对他严肃地说："世间不管是谁，都要以"信"以本，说话也要以'信'为重。作为天子，您说话不可以随便，更不能开玩笑。如若不然，怎能让天下的老百姓信赖你？如此，你还有资格做他们的天子吗？"

成王听了周公的一番话，深感惭愧……于是，他迅速下诏：将唐地册封给叔虞！

这个故事就是历史上著名的"桐叶封弟"。

相信很多人对故事中周公的行为感到不解，认为他小题大做，孩童之间的玩笑话怎能当真呢！可是试想一下，如果周公不这么做，朝臣及民众就会认为周成王说话随意，不守承诺。周公如此做，正是为了不让周成王落下不守承诺的名声，树立其天子的威信。

如果你对他人有过承诺，那么就一定要做到，要知道言而无信的人非常危险。生活中，许多人做过空洞的承诺，然而这些承诺给他们带来的除鄙视以外，更多的是失望和悲哀。

精明的人不会为了虚荣而轻易夸下海口，行就是行，不行就是不行，有多大本事做多大的事，能帮助别人就尽量地帮，不能帮助也不会随意应承。如果把话说满了，便相当于截断了自己的退路，轻易许诺的人，只会更快失去别人对自己的信赖。

公元前408年，魏国与中山国开战，当时魏文侯拜乐羊为大将，领兵五万人攻打中山国。当时，乐羊将军的儿子乐舒在中山国为官。中山国因国力衰微，无法抗击魏国，于是国君就想利用乐羊父子的关系，一再让乐舒请求宽限攻城的时间，并说到时自然会答应魏国提出的条件。

乐羊为了减少中山国百姓的灾难，于是数次答应乐舒的要求，并让其转告中山国国君，尽早信守承诺、答应条件。如此几个月过去了，乐羊还没有发兵攻城。这个时候，魏文侯派人问责羊乐，为什么这么长时间还没有攻城。

乐羊回答："我之所以再三拖延，并非顾及父子之情，而是为了取得中山国民心，让百姓看清他们的国君是一个怎样失信于人的人。"

最后，乐羊见时机成熟，遂发兵攻城。失去百姓支持的中山国国君，一战即败。

我们总讲做人要守信重诺，中山国国君正是没有做到这一点，数次违背当初说的话，没能信守承诺，导致失去民心，城门很快被攻破。那如何才能得到他人的信任呢？就是千万不能轻诺于他人，因为轻诺于他人的人必定没有什么信义。与其成为不重承诺的人，倒不如起初就不对他人许诺，而一旦许诺，就须尽心尽力地去做。

对于做不到的事，我们千万不能随意承诺，一旦对他人许了诺，就要尽力做好。只有这样，才能广结善缘，赢得他人的信任和回报。

为人处世之道，在于信守诺言，这既是一种高尚的品质和情操，也体现了对人的尊敬与对己的尊重。但是对有些言过其实的许诺及轻诺，应当是我们每个人所要反对的。要知道，言而无信、背信弃义的丑行，是为人所不齿的！

以德报怨，别计较那些无关紧要的小事

塞缪尔·斯迈尔斯说过："如果我们心情豁达、乐观，就能看到生活中光明的一面，即使在漆黑的夜晚，也知道星星在闪烁。" 对于那些无关紧要的事，我们需要敞开胸怀，不去计较，对于那些担心可能会发生的事情，尽人事、听天命就行了。

古往今来，凡是取得大成就的人，大多能够做到容人所不能容、忍人所不能忍，能够求大同、存小异。

因此，对于那些无关紧要的事，我们不要斤斤计较，而应敞开胸怀，尽力包容才对。有些事情可能是我们担心发生的，对于这些不要总放在心上，尽人事听天命就好。如果做不到这一点，就会被无关紧要的外在因素牵着鼻子走，从而偏离自己本该行走的正常轨道，这岂不是得不偿失吗？

以德报怨是中华文化一直在倡导的一种道德准则。宋代政治家、诗人王安石曾有诗写道："风吹屋檐瓦，瓦坠破我头；我不恨此瓦，此瓦不自由。"意思是说，瓦片掉落下来砸到别人的头并非它本意，我们又何必怨恨它呢？

或许很多人对此难以理解，明明被别人欺负，不但不怨恨对方，反而还要和善以待，这是什么意思？其实，这就是我们自古以来所倡导的"以德报怨"。正如《马太福音》中的这条教义：当有人打你的右脸时，你应该把左脸也转过来让他打。

战国时期，魏国与楚国是邻居，在两国交界的某个地方盛产瓜。住在那里的两国农民，都喜欢种瓜。

魏国一个叫宋就的大夫被排遣到这个地方做县令，上任没多久就遇到了麻烦事。原来，那年的春天天气比较干旱，田地里缺少足够的水来灌溉，村民们种的瓜长得很慢，长势一直不见好。村民们非常担忧，如此下去今年的收成肯定会很糟糕。

于是，魏国的村民便自发组织了一些人，每天晚上挑水到地里浇瓜。一连浇了几天后，瓜苗渐渐有了起色，长势明显比楚国村民种的瓜要好。楚国的有些村民看到魏国人的瓜苗长得比自己的好，便起了嫉妒之心，趁着夜色跑到他们地里践踏瓜苗。

魏国村民发现之后非常气愤，决定要报复楚国村民，也想跑去踩踏他们的瓜苗。宋就听说后，连忙把村民聚到一起，安抚他们说："以我之见，大家最好不要去踩他们的瓜苗。"

辛苦劳作培育出来的瓜苗，就这样被无缘无故毁坏了，村民哪里咽得下这口气，根本就听不进宋就的劝告，大声嚷嚷道："凭什么就活该被欺负，难道还怕他们楚国人不成？"

宋就耐心地说道："不是这个意思。如果你们一定要报复，最后的结果顶多就是解了心头之恨，可想过以后呢？他们肯定不会善罢甘休，会再次来毁坏瓜苗，这样互相破坏下去，双方的瓜都不会有一个好收成。"村民们这才冷静下来，皱起眉头问宋就："那我们该如何是好？"

宋就说："这样吧，你们以后每天晚上浇地的时候，顺便帮他们也浇一浇，最后会是什么结果，到时候自然就会知晓。"村民带着疑惑，遵照宋就的吩咐去做了。

几天之后，当楚国的村民发现魏国的村民不但没有记恨他们，反而帮他们浇瓜，羞愧得无地自容，自此之后再也没有做出毁坏魏国瓜苗的事情。此事后来被楚国的县令知晓，上报给了楚王。

楚王原本想伺机攻打魏国，听说了此事后，深受触动和不安，随即主动派人给魏国送去很多礼物，以示友好往来、和睦相处，并对宋就和当地的村民大加赞赏了一番。宋就和当地百姓也因促进了两国的和平，受到魏王的重赏。

如果魏国的村民没有听从宋就的建议而执意以怨抱怨，结果恐怕就是不但瓜苗尽毁，两国间也会爆发可怕的战争，民不聊生。

因此，当我们受到伤害时，若能以德报怨，结果也许会更好，甚至还有意想不到的惊喜。

治国安邦也好，职场打拼也罢，都讲求一个"和"字。只有彼此关系和睦，才能更多地进行合作。如果总算计那些无关紧要的小事，就很容易被狭隘的思想束缚住，无形中为前进的道路设置障碍。

如今在生活中，我们和朋友、同事相处也好，和家人、爱人相处也罢，真正的"大事"往往很少，更多的是一些鸡毛蒜皮的小事。但很多时候，有些人却会为这些无关紧要的事而大动干戈。仔细想想很为他们感到不值，因为这样做既劳神又伤人，还有损自己的风度和人格。

有一群年轻小伙子在一家饭馆里用餐，在吃腰果虾仁时，一个小伙子尝到一颗坏了的腰果，于是找来饭馆经理，要求重新上一盘。

经理不同意，说出现这种情况在所难免，本饭馆没有因为一颗腰果坏掉就给客人换菜的先例。

小伙子一听，不乐意了，气势汹汹地就和饭馆经理吵了起来，其他人也一并帮腔。后来越吵越凶，双方居然动起手来。

后来，饭馆经理又找来一群人把这个小伙子给打伤了，为此被判刑劳教6个月。

其实，这只是一件很小的事，小到可以忽略不计，可是偏偏就因为双方的各不相让而大动干戈，最终影响恶劣。

在平时生活中，这样的事也时有发生。比如，有时在便道上行走，因为路窄，两人并排行走会把路堵死，而那些被妨碍的人就会不依不饶，大骂对方，性急的还会大打出手，把小事酿成大事。

如果看过电影《非诚勿扰》，你一定记得秦奋说过："21世纪什么最贵? 和谐!"没错，只有做到凡事看开些，不斤斤计较个人得失，才能让自己的生活和工作更加快乐、顺遂。

打击报复，截断的是自己的后路

生活中，不乏有人一旦遇到让自己不舒服的人和事，就会伺机报复。岂不知，这样的做法看似是快意恩仇，但实际上，害人害己。当它刺进对方身心的同时，也伤害了报复者本人。很多时候，打击报复，截断的其实是自己的后路。

还是那句话：水至清则无鱼，人至察则无徒。宽恕是一种无形的"投资回报"，但有时候这种回报当下无法看见或兑现。因此，人们总是放不开、放不下，不能"心甘情愿"地宽恕别人。没错，看得见、摸得着的利益很吸引人，然而那些看不到的利益和希望，更是一笔宝贵的财富。

要知道，报复不是唯一解决问题的方式。面对恶劣、无理的态度和行为时，只要无伤大雅，我们就要学着用宽容的心去对待、去包容。有时候，你的一步退让，或许就能为你赢得一个人情，你的一次原谅或许就能为你留下一条后路。

汤姆是一位商人，靠卖砖块为业。不久前，由于他的竞争对手卡尔的恶性竞争，导致他的生意陷入困局。原来卡尔定期走访了建筑单位和承包商，对他们说：汤姆的砖不好，经营即将陷入困局，眼看就要关张大吉了。汤姆听到这些风声后，并没有认为对手会严重伤害到自己的生意，不过这件事还是让他心生怒意。

一个阳光灿烂的上午，汤姆去教堂做祷告，随后听一位牧师说：对那些故意为难自己的人要施恩。卡尔跟牧师诉苦，就在上周由于竞争对手散布谣言，使自己失去二十万块砖的订单。牧师听了，却让他以德报怨、化敌为友，还举了很多例子证明自己的理论。

第二天，汤姆上班时在安排本周的日程表时，发现新泽西州的一位顾客正要盖一座大楼，需要一批砖，可是那位顾客指定的那种型号的砖自己这里没有，而卡尔那里有这个型号的。同时，汤姆确信胡言乱语的卡尔肯定不知道这个机会。

短暂的窃喜过后，汤姆却为难起来。他想到昨天牧师的忠告，觉得自己应该把这笔生意转让给卡尔。

经过内心的一番挣扎，卡尔左思右想，还是决定把这事告诉卡尔。其实，他的主要目的是想证明牧师是错的。于是，汤姆打电话到卡尔的公司，说完这个件事后，卡尔结结巴巴地说不出话来，但是很明显，他很感激汤姆的帮忙。就这样，在汤姆的帮助下，卡尔顺利地联络上了新泽西州的承包商，并签下了订单。

从那之后，汤姆得到非常惊人的回报：卡尔不再散布关于他的谣言，不仅如此，还把自己一时处理不了的生意转给汤姆来做。如今，汤姆的心里再也没有了对卡尔的成见，生意越来越好。

虽然是经由牧师的指点才采取了"施恩"对手的行动，但我们还是不得不为汤姆的大度而叫好。这种宽厚与容忍绝不是争斗的小人所能够做到的，只有光明磊落、宽厚包容的正人君子才做得出来。同时，由于他们能不计别人之过，不但没让自己的名声有丝毫损害，反而更受到大家的称道。

俗话说："宰相肚里能撑船。"一个有度量的人，心胸宽广到可以放下一艘船只。这虽然是个比喻，但不难看出，有度量之人能够容纳别人之所不能容。这样的人，往往被称为君子。

与君子相对的，自然就是小人。小人的特质自然也和君子相反。注意一下，我们会看到有些人对事物的观察太敏锐，总觉得这也是缺点，那也是不足。这样一来，别人对他的过分挑剔就会难以忍受，从而不愿意追随他。

实际上，越是看上去污浊不堪的土地，其土质往往越肥沃，也越有利于万物生长。所以，只有具备宰相那样宽宏的度量，能够接纳世俗乃至丑恶的事物，才是"君子不计他人过"的实质。

文芳是一名十多年前就拿到注册会计师资格证的中年女性。如果不是接连生了两个孩子，她可能会一直奔波于职场。但是，孩子的陆续到来，让她不得不从职场退居到家庭，当起了全职妈妈。

一晃六年过去了，第二个孩子也上了幼儿园，她终于可以重回职场了。

但是她投了很多份简历之后，多半石沉大海，没有回复。几个公司虽然给了她回复，也要她去面试，但人家一听她做了六年的全职妈妈，都打了退堂鼓。

文芳很想去一家实力不错、离家也不远的公司，可人家面试之后，并没有用她的意思。她想再争取一下，就重新给这家单位写了封求职信。可对方却毫不客气地在回信中说："我们的工作需要没有任何家庭负担的人，像你有两个孩子，肯定得经常请假，平时你的精力也无法都放在工作上。所以，我们怎能聘用你呢？"

文芳看完这封信又气又恼，她试图马上回信，骂一下这个说话刻薄的人。但当她坐在电脑前准备写这封信的时候，不由得对自己说："等一等，人家说得也不是不对。毕竟自己做了六年的全职妈妈，脱离了六年的职场，两个孩子虽然现在上了幼儿园，但每天在他们身上所花费的精力依然不小。"

于是，文芳改变了初衷，重新整理了思路，写了另一封信。她在信中提到："感谢您在百忙之中愿意抽出宝贵的时间来答复我。另外，由于对自己的实际情况估量不足而再三请求获得这个职位，我感到抱歉。"

让文芳没想到的是，一周之后，她就收到那家公司的回信，信中表示要给她一份财务部稍微轻松点的工作，因为她的宽容和谅解打动了对方。

看完这个故事，我们不得不为文芳感到开心。与此同时，也为她当情绪箭在弦上的时候最终冷静下来而感到钦佩。

回想一下，现实中的我们，当别人给我们当头一棒的时候，往往是像故事中文芳一开始的情绪那样，恨不得第一时间将榔头敲回去，只有这样，才能保住自己的"面子"，不至于太让自己掉价。实际上，越是这么想的人，越表明错得离谱，如果一直任这种情绪和做法累积，到达一定程度后，恐怕连改正的余地都荡然无存了。

正所谓"得饶人处且饶人"，不要因为不值得的小事得罪别人，学会用一种豁达的心胸，以君子般的坦然姿态原谅别人的过错，这样我们的路才会越走越宽、越走越远。

Chapter 9 / "墙头草"生存智慧
——左右逢源，还能借力打力

　　树木刚直，却可能在风雨肆虐中被连根拔起；野草柔韧，却从来不惧狂风骤雨，哪怕暂时无法与局势对抗，趴伏于地，风雨过后，依旧能在阳光中再次挺立身姿。人当如野草，识时务，顺局势，能屈能伸，才能绝地反击，借势而起。

风雨能摧毁树木，却打不败野草

　　人生不如意之事十有八九，若想让生命之花开得更加灿烂，就要把眼光放得长远一点，懂得能屈能伸方可安身立命。软与屈的关键在于韬光养晦、蓄势待发、坚韧不拔、以柔克刚。风雨或许能将挺立的树木摧毁，却永远打不败野草，野草身上拥有树木所没有的柔韧，逆风而倒，每次却能在风雨过后再次站立起来。

　　宋代词人苏洵说过："一忍可以制百辱，一静可以制百动。"在生活中，我们离不开进退之道，想做英雄，想等出头之日，在那之前就必须掌握人生的进退规则：能屈能伸。

　　"春秋五霸"之一的晋文公，未登基前曾因遭到追杀而四处流浪。有一次，他和贴身随从路经一片农田，因为饥肠辘辘，便向田地里的农夫讨要食物，可是那些农夫却"赠送"给他们一捧泥土。

　　面对这种戏弄，晋文公不禁恼羞成怒，准备拔剑而出。这时随从阻止了他，说道："主人，泥土代表了大地。这不正预示着你将主宰大地吗？是一个好兆头呀！"

　　晋文公一听，怒气立即平息了，并且把这捧土恭敬地收了起来。

　　懂得退让，能屈能伸，宽容他人，才能化屈辱于无形中，成就事业。当时，如若晋文公没有抑制住愤怒，一气之下杀了农夫，不仅会暴露自己的行踪，也将失去成就大事的气度。

　　在现实生活中，不难发现有的人虽然看上去很普通，甚至给人一种"窝囊"的感觉，但是经过详细了解之后，你会发现这样的人心中并不失远大志向。他之所以给人这种"无能"的表现，正是因其心高而气不傲，富有忍耐力并讲策略。他们懂得能上能下，能屈能伸，才能安身立命。

有一对夫妻，每日争吵不休，婚姻也慢慢走向破裂的边缘。身心俱疲的两人决定赌一把，打算再做最后一次浪漫之旅，像年轻时那样重拾昔日的美好。如果能找回爱情，就继续恩爱地生活在一起，如果无法恢复如前，就友好地离婚。

于是，他们去了之前一直没时间、没机会去的峡谷。那座峡谷极其平常，呈东西走向，碎花野草，清溪乱石，除此之外，没有其他特别之处。唯一比较有趣的是：峡谷的南边是漫山遍野的松、柏等，而北边则只有雪松这一种植物。

将近傍晚的时候，天上突然下起鹅毛大雪。于是，他们在一棵大树下支起一顶帐篷，相坐在一起，望着这场纷纷扬扬的大雪，暂作躲避。

不久，他们发现峡谷里的风向很奇怪，北边来的雪远比南边的更大、更密。才一会儿工夫，那些雪松就被盖上了厚厚一层白雪。不过，当雪积攒到某个程度时，富有弹性的树枝就会轻轻向下弯曲，然后雪就缓缓地掉落下来。就这样，一积累，一弯曲，一滑落，雪松的树枝始终完好无损，没有一根折断。

再看其他树，硬生生地岿然不动，结果树枝全被厚厚的大雪压断了。不过，毕竟南边的雪要小很多，所以总有那么一些树挺了过来。这就是为什么南边的山坡上除了雪松，还有一些其他灌木。

这一现象被敏锐的妻子先发现了。她对丈夫说："我想，原先北边一定也生长过其他树，只是因为树枝太硬不会弯曲，而被积雪压毁了。"

丈夫点头说道："是啊，只有能屈能伸，才能有活路。"

他们沉默了。过了一会儿，两人恍然大悟，转过身，紧紧相拥在一起。

在这神奇的大自然中，这对夫妻发现了一个"天大"的秘密。那就是：对于外界施加的种种强大压力，要尽可能地努力承受，一旦超出底线，扛不住了，就要像雪松一样，适当"弯曲"一下，如此才不会被难以承受的压力击垮。

不可否认，人生旅途上，各种摧折命运之树的暴风雪常常会不期而至。一个人要想经受住人生风雪的侵袭，就该从雪松抵御大雪的自然景象中汲取生存与发展的艺术。该伸则伸，该屈则屈，该进则进，该退则退，始终从容不迫、游刃有余地绷拉命运之簧，弯而不折，屈而不断。

那些真正精明、充满智慧的人，从表面上或许看不出什么突出之处，甚至有时会习惯以弱者的姿态示人，但正是看似柔弱无害的他们，会成为前途平坦、笑到最后的强者。就像野草，看似柔弱，实则坚韧，看似不起眼，却拥有极强的生命力，哪怕遭遇无数的挫折与灾难，也能"春风吹又生"。

识时务者为俊杰，学会顺应时势，能屈能伸，才能在严峻残酷的环境中立于不败之地。否则，对于来自方方面面的压力乃至形形色色的欺凌，一味地针锋相对、以刚克强，往往只能未出战而身先死。逞匹夫之勇的人，难以成就伟大的事业。所以，要牢记，恰当的伸屈自如、以柔克刚，常常能帮助我们历挫折而弥坚强，从而笑傲人生。

想要受人尊重，你就得先学会尊重别人

从本质上说，人与人之间没有什么区别，就像一句谚语中说的："光滑的瓷器来自泥土，一旦破碎就归于泥土。"或许你拥有较高的学历和社会地位，或许你拥有光鲜体面的职业，或许你拥有令人羡慕的财富，或许你拥有让世人仰望的成功——可是，脱去这一身世俗的繁华，你的生命并不会比其他人更高贵。

生命与灵魂是平等的，这不是有钱或者没钱就能轻易定义的，也不是社会地位的高低可以左右的。你想获得别人的尊重与认可，就要先学会尊重和认可别人。这就好像种地一样，播下种子才能有所收获，先付出才能得到。

生活中，其实不难发现，那些凡是在人际交往中能够尊重别人的人，总能赢得很多的朋友。相反，那些妄自尊大、高看自己、小看别人的人，总会引起别人的反感，最终在交往中走向孤立无援的地步。

羽然是一位在工作上表现出色的职场女性，但是她有些刚愎自用，从来听不进别人的意见。有时候要好的同事或者朋友说她有些强势，她就对人家瞪起眼珠子，然后一脸无辜地说："这怎么是我的问题呢？我提出的方案本来就是最好的，我们哪有时间挨个尝试所有可能的方案？"

这样的回答就好比送给对方一个闭门羹。时间久了，大家了解了羽然的个性和脾气，也就不再主动为她指出她所存在的问题了。

羽然一直坚持自己的做事和说话风格。讨论问题时，她总是坚持自己的看法，而对别人提出的方法进行贬低。慢慢地，同事们开始孤立她，后来公司领导干脆把她调离了以前的工作岗位，换到一个无关紧要的岗位上。

看完这个案例，想必你也会为羽然的表现而皱眉吧。这种只可以用我的思考方式做事而不尊重别人的人，怎能得到别人的尊敬和配合呢？在她心里，根本不懂这样的道理：一个人的本事再大，也不可能做所有的事，所以团队配合是应该的，只有尊重他人，才能拥有好的合作团队，否则只有落得被孤立甚至被驱逐的下场。

每个人都有改变世界的力量，世界也随着不同的人以不同的方式在改变。当我们能够尊重一个人的真实价值时，他也会以特别的方式看待自己。

一位年轻的妈妈带着自己的孩子在某世界知名公司楼下的花园里走着。这位母亲一边走，一边和孩子说着什么，看上去很生气。

孩子的小手有点脏，这位妈妈就拿出纸巾擦了擦，随手把纸扔在了旁边的灌木上。这时离他们不远的地方，正有一位头发花白的老人正在修剪灌木。

她的举动被老人看到了，老人顿时为之一惊，走过去把纸拿下来放进垃圾桶里。这位妈妈还是一副满不在乎的样子。

几分钟过后，这位妈妈又给孩子擦哭红的小脸，擦完后又把纸扔到一旁，老人再次走过去把那团纸放进垃圾桶里，然后继续工作。

老人在工作的时候，听到这位妈妈对自己的孩子说："看见没有，如果你现在不听我的话，整天吊儿郎当的，将来你就会像他那样没出息，只会做一些低贱卑微的工作。"

老人做完手里的工作，走过来对这位妈妈说："女士您好！这里是集团的花园，只有本集团的员工才可以进来。我看您带着孩子，可能有些不方便，刚才就没有告诉你。那么，请问，您现在可以离开了吗？"

　　这位妈妈很不屑地瞥了老人一眼，然后从肩上背的挎包里拿出该集团的工作证，在老人面前晃了晃，高傲地说："我可是这里的部门经理，我的办公室就在上面！"

　　听完她的话，老人沉思了一下，说："我可以借您的手机用一用吗？"这位妈妈很不情愿地把手机递给老人，然后对身边的儿子说："你看看他，做这样的工作收入很低，连手机都买不起。"

　　老人打完电话后把手机还给了她。两分钟过后，只见一位男士从大楼里走出来，很恭敬地站在老人面前，他是该集团主管人事的一位高级职员。老人对他说："我现在提议免去这位女士在我们集团的职务！"男士连声应道："我马上按您的指示办！"

　　这位妈妈被刚刚发生的事情惊得目瞪口呆！她疑惑地问这位男士："你怎么会对这个老园丁这么尊敬呢？"男士看了看她，回道："老园丁？他可是我们集团的总裁！"此时，只见老人朝小男孩走去，他爱抚地摸了摸小男孩的头，微笑着说："小朋友，我希望你能明白，人活着最重要的事，就是要尊重每个人。"

　　没错，正如老人所言，人活着最重要的事，就是要尊重每个人。不管他贫穷还是富有、疾病还是健康，也不管面对诘难还是友好，我们都要尊重对方。

　　与别人交往的过程中，我们都渴望得到对方的尊重。推己及人，和我们交往的对象同样有这样的想法。说到底，这种尊重是相互的，想要得到他人的尊重，我们就要尊重别人。这好比照镜子，如果我们对着镜子里的人微笑，对方也会回报我们以微笑；如果我们对镜子里的人怒目而视，对方也会对我们横眉冷对。

　　所以，不要找任何别人不值得自己尊重的理由，相反应该找各种理由，让自己尊重对方。事实上，每个人都有自身的长处和劣势，别人如此，自己亦然。这就要求我们多尊重别人，与此同时，我们也会受到别人的尊重。

　　毋庸置疑，尊重别人是一种高尚的品质，人们在尊重他人的同时，必然会受到他人的尊重。正是因为人们相互交往时彼此尊重，才使得我们自身和他人固有的美德得以显现和升华。

说话转个弯，拒绝也不得罪人

著名作家贾平凹说过："行走于世间，接纳或拒绝，爱或不爱，放弃或执着……每个人都应有接纳与宽容之心，但也要学会拒绝。"如果遇到明知不可为的事情，还硬着头皮去"为"，只能让自己承受痛苦。

无论是在生活、工作中，还是在人际交往中，每个人都会碰到一些不合理的要求，或是自己不愿意接受的事情，这时果断拒绝是对自己负责，同时也是对他人负责。然而，有些人往往因为天性中的善良，当面对别人的请求或者命令时，即使自己不情愿去做，也不好意思拒绝别人。所以有些时候，他们为了息事宁人，总是自己强忍着，宁愿当个"烂好人"。

还有一部分人则抱着观音菩萨心肠，从来不拒绝别人，觉得说"不"是伤感情的行为，这会使他们有罪恶感。这样的人，往往在同事中间是好伙伴，在生活上也是体贴温顺的朋友或爱人，但久而久之，却可能让自己不堪重负。

当然，还有一部分人，他们拒绝别人的时候特别生硬，不懂得给人留面子。本来稳定和谐的关系，却因说话不中听而出现障碍。

不管是说不出"不"字，还是说得太生硬，两者都不可取。不敢说"不"的人，他们的目标是被别人喜欢和爱，代价却是牺牲自我；说"不"过于生硬的人，虽然表面上看自己没什么损失，但无形中却伤害了与对方之间的感情，对彼此关系的发展显然不利。

我们先来看一个故事。

临到周末，同事们都在筹划未来两天的安排，可李悦却为自己安排了满满的"任务"：第一项，女儿的芭蕾课要考试，周六陪她去舞蹈学院排练一上午；第二项，周六下午陪婆婆和房客签约；第三项，周日上午陪小姑子挑选婚纱；第四项……当看到别的同事都是讨论去哪儿玩或者去哪家餐厅吃饭时，李悦却只能唉声叹气。成天为别人的事忙碌，很累很烦也很不情愿，她恨不得有孙悟空的本领，来个分身术！

办公室一个关系不错的同事对李悦说："谁让你逞强的，总是应下一大堆事儿？"

李悦回道："我也没办法，别人都开口了，怎么好意思拒绝人家？"

同事太了解李悦了，她是那种有求必应的热心人。只要别人开口，她总是碍于面子，怕惹别人不高兴，心里再不情愿也要硬撑答应下来。"不"字从她嘴里蹦出来，似乎比登天还难，到头来，往往搞得自己心力交瘁、疲惫不堪……

工作中，李悦也常常如此，担心自己不承担所有交代下来的工作，就会惹上司不高兴，于是有求必应，从来不考虑自己的承受能力，结果分内的工作都给耽误了。

虽然我们从小就被灌输助人为乐的处事原则，但在给别人提供帮助的时候，也不要太盲目，把帮助别人当成一种义务或责任，而应根据自己的承受限度来定，量力而行。

所以，这种时候，我们要相信自己的判断力，敢于大胆地说"不"。仅仅为了一时的面子而勉强行事，是不明智的行为。俗话说得好：死要面子活受罪，说的就是这个道理。因此，为了我们的身体和心理健康，有必要学会有效地拒绝别人，这也是人际交往中的一种策略。

邢小飞和女友相识三周年的纪念日就在这个周五，可是当离下班还有十分钟时，邢小飞听到部门领导的MSN呼叫：今天晚上留下来吃饭，约好了一位客户谈目前这个项目的事情。

顿时，邢小飞就晕了，就像当头泼来一盆冷水，把一颗热切的心给浇得冰凉。但是，邢小飞真的不想错过今天这个重要日子里的约会，他琢磨了一会，凭着自己几年来和领导的关系，再加上自己幽默风趣的性格，相信领导能够放他一马。

于是，邢小飞通过MSN和领导说："本人是公司著名"妻管严"，地球人都知道，要不是为了溜溜的她，俺哪敢和领导讲条件，再说俺要是敢放俺那口子鸽子，俺可能会有生命危险。"

等了一会，领导回复邢小飞：这个客户很难约，她平时很忙，正巧今天有时间……听到此，邢小飞依然没有放弃，继续使用自己的"伶牙俐齿"试图说服领导："当然，我可以因为您是我的领导，可以加我的薪，升我的职，我就不顾女友答应加班。但您听没听过这样一个故事：古代有个国王，他有一个很好的厨师，可以做出天下美味。有一天，国王不经意间感叹，'有你这样的厨师真好！我现在除了人肉，天下的美食差不多尝尽了'。第二天，厨师给国王煲了一碗羹，原料就是厨师的小儿子。国王感动不已，对厨师大大封赏，这时就有人对国王说，大王，您一定要防着这个小人，他可以杀了自己的儿子来讨好您，也就可以杀了您来满足他的私欲。当然，故事的结局谁都猜到了，国王杀了进言的人。可后来，厨师真的杀了国王，自立为王，而且是个极残暴的家伙，后来被人推翻了。您想呀，如果我要是因为您是我的领导就置最爱的女人而不顾，那么今后要是有利可图，我也一定会置您于不顾；反之，我现在可以为了我的女友而敢于不听您的话，一定不加班，那么今后，如果有什么可以给我更多好处的人或者更大的领导要求我背叛您的话，我也一定不会同意。您说对吗？"

此时时间已是五点二十五分，超过下班时间五分钟了。邢小飞急得像热锅上的蚂蚁，他心想这招如果不灵，就只能爽了女友的约。可是，过了一两分钟，MSN发来领导的回复："你不要加班了，这事我来做，你去陪你女朋友吧，代我向她问好。"

看到这句话，邢小飞以最快的速度关掉电脑，拎起包"飞"出办公室……

作为下属，接受上司的"发号施令"实属正常，但也有断然拒绝的权利。当然，这是以有正当理由为前提的。我们若要拒绝别人，一定要斟酌好语言，掌握好说话的尺度。

仅仅为了一时的面子而勉强行事，或者强硬地拒绝别人，都是很不明智的行为。学会拒绝，对于人际交往而言非常重要，因为在生活中，我们总是无法避免要拒绝对方的请求。这种时候，若是直截了当地拒绝别人，会觉得太伤颜面；可若是不拒绝，又委屈了自己。所以，如何巧妙地拒绝别人，巧妙地说"不"，便成了一门艺术。

那么，怎么拒绝既能让自己摆脱麻烦，又能让对方容易接受呢？

总的来讲，应该采取"有礼有力"的策略。所谓"有礼"，即有礼貌，也就是要尽量照顾别人的权益和情绪，说话婉转一些，切忌生硬地顶撞别人。所谓"有力"，是指有力量，即你的意思要明确地表达出来，让对方知道我们内心为此而产生的不愉快感受。比如，当我们在电影院看电影时，前面坐着的两个人大声地讨论剧情，妨碍了我们的观赏，我们就可以对他们说："对不起，我有点听不清电影在讲什么。"

这样的话，说出的是我们自己的感受，而没有怪罪别人的意思，对方一般比较容易接受。相反，如果我们怒气冲天地大声对他们嚷："你们俩怎么回事，这么大声说话，吵死人了！别人还怎么看电影？"虽说这样的话也能达到提醒别人的目的，但却容易让对方感到不快，也显得我们缺乏素养。

　　再如，当一位同乡向我们借钱买东西，而我们早就了解这个人是经常借钱不归还的主儿时，可以这样说："我没零钱，不能借给你。"或者说："对不起，我不是总有零钱。"

　　总之，我们要拒绝别人，得先学会自如地表达否定的、不愿意的感受，以直率、诚实和恰当的方式表达自己的感觉。

把批评裹在"糖衣"里

虽说良药苦口利于病，但苦口的东西吃起来始终让人不愉快，所以许多良药经过了一定的"改良"，把良药变得不再苦口，更容易被吞服。

众所周知，在"良药苦口利于病"之后，还有一句"忠言逆耳利于行"。既然良药都能不再苦口，那么忠言为什么非得逆耳呢？若是我们可以将忠言说得顺耳，把批评裹在"糖衣"里，是不是会更容易被对方接受、采纳呢？

要知道，不管是我们自己，还是和我们打交道的人们，每个人都有着强烈的自尊心。所以，即使我们的忠告是出于对彼此的提醒和爱护，也难免会触动对方的伤疤。对任何人来讲，被当众揭短都是很难堪的事，他甚至会认为你并非善意，而是想让他当众出丑。所以，我们要想指出别人的不足，就一定要考虑周全，在合适的情况下，用婉转的语言进行批评。

中学里，我们都学过《邹忌讽齐王纳谏》这篇文言文，邹忌就非常擅长使用这一方式。在此，我们回顾一下这个故事。

邹忌身材高挑，有八尺之多，长相英俊，称得上一表人才。

一天早上，他把衣服穿好后，戴上帽子，对着镜子照了照，然后问妻子说："我跟城北的徐公比，谁更美啊？"妻子回答："您英俊极了，徐公怎能比得上呢！"城北的徐公，是齐国的美男子。邹忌自己信不过，又问他的妾说："我跟徐公谁漂亮？"妾说："徐公哪里比得上您呢！"第二天，有位客人从外边来，邹忌跟他坐着聊天，问他道："我和徐公谁漂亮？"客人说："徐公不如你漂亮啊！"又过了一天，徐公来了，邹忌上上下下打量了一番徐公，不得不自叹不如。

到了晚上，邹忌辗转反侧睡不着，反复想着这件事。经过一番思考，他终于想明白了。原来妻子赞美自己，是因为偏爱自己；妾赞美自己，是因为害怕自己；客人赞美自己，是想要向自己求点什么。

于是，邹忌上朝见威王，说："我确实知道我不如徐公漂亮。可是我的妻子偏爱我，我的妾怕我，我的客人有事想求我，都说我比徐公漂亮。如今齐国国土方圆一千多里，城池有一百二十座，王后、王妃和左右的侍从没有不偏爱大王的，朝廷上的臣子没有不害怕大王的，全国的人没有不想求得大王的恩遇的，由此看来，您受的蒙蔽一定非常厉害。"

从中不难看出，邹忌劝谏齐威王并不是直言相告，而是拐了个弯儿，先从自身的小事说起，用"顺耳"之言引起齐威王的兴趣，然后再耍点"嘴皮子"功夫旁征博引，让齐威王"乖乖就范"。最终，齐威王果然心悦诚服，采纳了邹忌的观点。

自尊心是每个人具有的天性，十分诚恳地接受他人的批评并非一件容易的事。如果我们能做批评的时候放一点"调料"，可能就会让对方舒服很多。

郭瑶在一家公司的行政部门工作，她和同事徐丽的关系很好，两个人经常搭档做事，一直配合得很好。但徐丽有两个缺点：一是爱占小便宜，二是借口很多。

公司的行政部门会负责一些采购工作，徐丽就在采购的时候，顺便给自己买一些小东西，然后拿到财务报销。她还喜欢找借口，比如明明是因为起晚了而迟到，她却说等不到公车，报表没完成就说电脑出了问题等。

一天，行政部收到上级指示：布置会场。郭瑶当时正在与财务核对一些账单，就让徐丽去做这件事情。谁知几个小时后，当郭瑶赶到会场时，发现条幅、桌椅放得乱七八糟，她问徐丽怎么回事，徐丽又开始找借口，说是其他员工不配合。郭瑶的火一下就上来了，当着几个员工的面，将徐丽狠狠地批评了一顿，并不只是针对布置会场这件事情，还将她的种种缺点都数落了一遍，弄得徐丽满脸通红、一言不发。

从那此后，徐丽像变了一个人似的，少言寡语，到点就下班。有时，郭瑶找她商量事情，她也很少发表意见。郭瑶非常不解："我只是指出她的缺点，批评几句而已，不是说忠言逆耳利于行吗？怎么我说了她几句，她就变成这个样子了？"

我们批评别人，最主要的目的是为了帮助对方改正错误，让对方接受或采纳我们的一些意见或想法。批评就像难以入口的苦药一般，药效再好，如果不能让人服下，也是发挥不了任何效用的。很多时候，人们之所以拒绝服药，很大一部分是因为惧怕药的味道。这时候，如果能用一层糖衣将其包裹，或将其装入胶囊，服药的人自然不会那么痛苦了，而良药依然能够发挥作用，何乐而不为呢？

所以，在批评人的时候，我们要学会变"害"为"利"，使硬接触变成软着陆，即在"苦药"上抹点糖，看似失去锋芒，但药效不减。

其实，在人际交往中，对于任何的谏言行为，我们都可以采取一些巧妙的方法，这样不管是领导还是同事，抑或朋友，都会更容易接受我们的建议。如何才能说出顺耳的忠言，让批评有点甜呢？

首先，批评的话要当面说，不要背后胡乱议论。当发现别人有做得不对的事或者说得不对的话，我们要当面指出来，这样才能让对方清楚地了解我们的批评意图和态度，同时也有助于增进彼此的了解。如果是背后议论别人哪里做得不对，当第三者将批评的话传到对方耳朵里时，信息可能就会失真，也会让对方多心，产生不必要的误会。

其次，就事论事，不要涉及其他。有些人有"翻旧账"的毛病，当看到别人做了一件不正确的事情时，往往就下意识地忽略其所有的优点和长处，瞬间想起这个人所有的"历史问题"。岂不知，这种做法是批评中最为忌讳的，会让对方反感。旧账"结案"后，受训者认为自己已经得到对方的原谅，相信对方不再计较过去的事。所以，当对方翻出旧账时，受训者会有这样的想法："原来他只是装作忘记，事实上他仍记挂在心。"他就会不再信任对方，并逐渐远离。

最后，批评别人，不要带有人身攻击。任何人都有自尊心，即使犯了错，批评者也不要用带有攻击性的语言来"敲打"。这很容易让人感到厌烦，甚至记仇。所以，当我们有必要指出别人的失误或者错误的时候，一定要使用婉转的语言，绝不能伤害对方的自尊心。

打人不打脸，骂人不揭短，这是原则

记得摩洛哥有句俗语："言语给人的伤害往往胜于刀伤。"所以，与人相处，要想搞好关系，一定不要揭别人的短处。

我国民间也有句俗语："打人不打脸，骂人不揭短。"因此，在和别人打交道的时候，我们千万要注意不能信口开河，揭人家的伤疤。很多时候，可能仅仅由于我们对别人"伤疤"的维护，而让对方对我们更加信任和尊重，他的自信心也因此更加强大起来。

一位国外女钢琴家，非常有才气。到现在，她仍记得10岁那年因为别人对自己短处的维护而让自己充满自信，一直在钢琴路上走下来，并取得了今天的成就。

原来，这位女士从小性格就大大咧咧，做事毛毛躁躁，表演中经常出现各种各样的突发状况。

多年前，她要去很远的地方参加一场钢琴比赛。这是一次规格较高的比赛，前来参赛的选手有很多，评委也都是很有权威的大家。

然而，轮到她表演的时候，"故障"出现了。她裙子上大蝴蝶结的细绳不知道在什么地方剐坏了，导致整只"蝴蝶"严重变形，细绳下面还耷拉很长一段，像个小尾巴，她自己觉得非常尴尬。

可是，她已经出场了，退回后台是不可能的。于是，她大大方方地走到舞台中间，很自信地弹着她准备好的曲子。女孩的出现，让台下的观众窃窃私语，大家都在悄悄议论这个"衣冠不整"、蝴蝶结严重变形的女孩。但是，所有的评委，没有一个对她前襟处扭曲的蝴蝶结流露出不满之情，而是认真地听她的演奏。

出乎大家意料的是，这位小姑娘获得了巨大的成功，全场的听众和评委都情不自禁地为她鼓起掌来。

看过这个故事，不得不让人感慨，评委的包容对这个女孩的影响何其深远。有人把这次比赛中评委的宽容，称为人类艺术史上一次耐人寻味的包容。

如此隆重的场合，大家没有揭发女孩的不足，而是包容了她的麻痹大意。正是这份包容，成就了女孩的钢琴人生，谱写了艺术史上的一段佳话。试想，如果当时评委揭了小女孩的疮疤，指责她衣饰的问题，批评她马虎大意，那么女孩的心中难免会因此而蒙上阴影，或许人类艺术史上又少了一个伟大的钢琴家。

人对于自己的忌讳之处，很怕被别人指摘，我们一定要学会对他人短处的包容和回避。事实上，在我们这样对待别人的时候，正是在不断地完善自己。

老刘人高马大，长相英俊，但美中不足的是刚过不惑之年就已秃顶。为此，老刘很是遗憾，这事成了他心底的一块硬伤。

平时要是有人戏谑他"地方支持中央"，他一准会懊恼不已，茶饭不思，睡不着觉。即使有人无意中在他面前说一句"这盏灯怎么突然不亮了"，或者"今天真是阳光灿烂"等话，他的脸上都会有极大的不自然，觉得仿佛是在说自己似的。

从这个简短的案例中可以看出，人对于自己的忌讳之处，很怕被别人指摘，哪怕是无意的，也会让自己很不舒服。

我们还记得中学课本里鲁迅的作品《阿Q正传》。即使一个很会用精神胜利法安慰自己的人，也怕别人说自己的短处。比如，阿Q在遭受别人欺辱打骂的时候，他都会控制自己，很快会心理平衡，但唯独忌讳别人说他"癞"，因为他头皮上确有一块不大不小的癞疮疤。但凡听到别人当他的面说"癞"字，或者仅仅是发一个近似"赖"的音，或提到"光""亮""灯""烛"等字，他都会"全脸通红地发起怒来，口讷的便骂，力小的便打"。

　　由此可见，忌讳心理在人们身上体现得何等明显。其实，不仅老刘和阿Q是如此，忌讳心理人皆有之。

　　所以，在与人交往时，一定要管好自己的嘴巴，尤其是在发生争执和冲突的时候，千万不要因一时之气就口不择言，揭对方的短。你的一时冲动，在彼此之间留下的，很可能就是永远无法抹掉的伤疤。

　　虽然每个人都在努力追求自我完善，但无论做出怎样的努力，都不可能达到完美的程度。也就是说，每个人都会有自己的弱点、缺点甚至污点。自尊心又驱使我们不愿意让别人触碰自己的短处，所以谈话时，我们就期待能够避开这样的问题。推己及人，和我们交往的人同样有这样的想法。

　　所以，在交际场合，我们一定要注意谈话方式，避开对方忌讳的短处。假如没有做到这一点，很可能会因此遭人冷眼，甚至引发事端，后悔不及。

从"付出"里找到最珍贵的"获得"

看到这个题目，或许你会惊异：开什么玩笑？付出就是付出，是把自己的东西拿给别人，是拿出去，它和获得明明是一对反义词，你又怎能从"付出"找到"获得"的影子？这完全互相矛盾！

如果有人劝说你，要乐于付出，享受付出，把付出看作另一种形式的获得，恐怕你会说，在如今物欲横流的时代，提出这样的说法是不是太值得怀疑了。当今社会讲究效益，讲究金钱，又有几人赞同"付出也是一种获得"这种观点？不错，每个人都需要金钱，也都希望得到享受，但这些更多的是物质层面的获得。

事实上，获得的渠道有很多。在与人竞争时胜利了，是一种获得；能满足自己某时的一种欲望，也是一种获得；做了一件开心的事，心情舒畅是一种获得；做了一件好事，得到赞许或感谢，也是一种获得……可见，获得有时候既是物质的满足，也是精神的满足。

一位男子坐在一大堆金子旁，伸出双手向路人乞讨，索要钱财。

这时候，佛陀向他走来，男子同样伸出双手乞讨。

佛陀问他说："你都拥有一堆金子了，为什么还乞讨呢，难道你还有什么乞求吗？"。

只见这位男子叹了口气，说："唉！虽然我拥有如此多的金子，但是我仍然不满足，乞求更多的金子，还乞求爱情、荣誉、成功。"

于是，佛陀从口袋里掏出他需要的爱情、荣誉和成功，送给了他。

一段时间后，佛陀又从这里经过，又看到那位男子坐在一堆金子上向路人乞讨。

佛陀问他说："你所求的都已经有了，难道你还有什么不满足的吗？"

"唉！虽然我得到了那么多东西，但还是不满足，还需要快乐和刺激。"男子说。

听完，佛陀又把快乐和刺激给了他。

一段时间过去了，佛陀从这里路过，只见男人仍然坐在一堆金子上，向路人伸着双手。

佛陀又问了同样的话。只听男子说："我还是不能感到满足，老人家，请你把满足赐给我吧！"男子说。

佛陀笑了笑说道："你需要满足吗？那么，请你从现在开始学着付出吧。"

一段时间后，佛陀又从此经过，只见这男人站在路边，他身边的金子已经所剩不多了。原来，他正把它们施舍给路人。

男子把金子给了衣食无着的穷人，把爱情给了需要爱的人，把荣誉和成功给了惨败的商人，把快乐给了忧愁的人，把刺激送给了麻木不仁的人。现在，他几乎一无所有了。

佛陀问他："你现在满足了吗？"

男子微笑着说道："我满足了，满足了！原来，满足就藏在付出的怀抱里。当初我只想得到更多，以为只有那样才满足，可是却始终没能如愿，反而越来越不满足。当我付出时，我为我自己人格的完美而自豪、满足，为人们投来的感激目光而自豪、而满足。谢谢您，佛陀，是您让我知道了什么叫真正的满足，什么是真正的获得。"

看着人们接过他施舍的东西，满含感激而去，男子笑了。

这则寓言告诫我们，一味地获取并不能让人满足和快乐，只有付出才能真正获得满足，找到快乐。从这个角度讲，用有形有数的付出，能换来无形无边的快乐和满足。

付出是一种人生修养，真诚坦率是一种令人愉悦的品质。助人者，人助之。乐于付出者，必然会以宽广胸怀和古道热肠赢得他人的尊重与信任，收获一笔人生最宝贵的财富。

可看看我们身处的现实世界，总有一些人，他们总是想得到一些什么，可总是得不到，因为他们从来不想先付出什么。他们希望得到成功者的帮助，可是却不想先为成功者做些事情，舍不得先"吃亏"。这种心态往往注定了他们的失败。

其实，从某种意义上讲，付出本身就是另一种形式的获得。想想看，为朋友渡过难关而伸出援助之手，我们会收获朋友的感激；帮助一个带孩子的母亲过马路，我们会收获对方的敬意和感谢；为灾区的孩子尽己所能地捐献物资，我们会收获别人的感动和自己良心的慰藉……

凡此种种，无不表明，付出不仅是向外流出我们的利益，与此同时，我们也会收获由付出带来的回报，只不过形式有所不同罢了。所以，在"付出"里，我们可以找到最珍贵的"获得"，这种"获得"更多的是一种精神的满足与享受，这远比物质上的得到更加珍贵。

假如你想让自己拥有这些收获，就打开自己的心灵之门吧！让自己的爱心播撒到需要帮助的人身上，把付出当作一种享受，换取另一种获得！

Chapter 10 / 让对方无法拒绝
——最好的博弈是共赢

为他好，他自然无法拒绝

一家著名咨询公司就电话对话做过一项调查，看在现实生活中哪个字使用率最高。在500个电话对话中，"我"这个字使用了大约3950次。这说明，不管你是什么人，实际状况如何，内心都是非常重视自己的。

美国学识渊博的哲学家约翰·杜威说："人类本质里最深远的驱策力就是希望具有重要性。"每个人来到世界上都有被重视、被关怀、被肯定的渴望，当你满足了他的要求后，他就会对你重视的方面焕发出巨大的热情，并成为你的好朋友。

所以，我们要想被人重视，就要先尊重别人；不想被骂，就要以和蔼宽厚的态度对待他人；不想听谎言，就先要对人诚实地讲话；不想失去朋友，就别去伤害朋友……总之，只有你先把笑脸带给别人，别人才能以喜乐陪伴你的生活。

然而，在现实生活中，许多人常常会觉得愤愤不平，认为自己遭遇的一切困难都是不公平的，命运苛待了自己。那么，我们不如一起来看看这个故事，或许你心中会有一些感悟。

一只蜜蜂和一只黄蜂正在聊天，黄蜂气恼地说："奇怪，我们两个有很多共同点，同样是一对翅膀，一个圆圆的肚子，为什么别人提到你常是开心的，提到我却说我是害虫呢？"

黄蜂接着又愤愤地说："我不明白，真要比起来，我有一件漂亮的黄色大衣，而你却成天脏兮兮地忙里忙外，我到底哪点不如你呢？"

蜜蜂说："黄蜂先生，你说的都对，但我想人们会喜欢我，是因为我给他们蜜吃，请问你为人们做了什么呢？"

黄蜂气急地回答："我为什么要帮人们做事，应该是人们要来捧我吧！"

蜜蜂接着说："你希望别人怎样待你，你就得先怎样待人。"

在现实生活中，不少人常有类似于黄蜂那样的气恼情绪，但这类人除了气恼却从不分析出现这种情况的原因。聪明又善良的蜜蜂却深知，想要得到别人的关心和喜爱，就要先向别人付出友爱与帮助。

泰戈尔说：~"即使爱只给你带来哀愁，也要信任它，不要把你的心关起。"是的，就算我们善待别人不一定能得到回报，至少在这个过程中，我们是快乐的，这就足够了。

很多人不知道，帮助别人也有助于自己的成功。你可以在帮助他人的同时实现自己的目标。如果你是主管、经理或老板，在帮助下属获得成功的同时，自己也会变得更加成功；如果你是教师，学生的成功就是你的成功，因为你教会了学生如何实现需求的本事。当我们学着帮助别人时，与别人的关系也能得到巩固和发展。

作为社会的一分子，人与人之间的关系如同脑袋和肩膀、手和胳膊、脚和脚踝一样，每个人都是另一个人的延伸。身体某个部位有了感染，整个身体都会受到影响。因此，我们应该学会善待他人，相信你身边的每个人都是来自上帝的恩赐。

在一个风雨交加的夜晚，一对年迈的夫妇来到一家旅馆，准备过夜。他们看上去非常疲惫，急需一个住的地方。

年老的男子对旅店的伙计说："小伙子，很对不起，我们跑遍了其他旅店，全部客满了。我们想在您这里借住一晚，请问可以吗？"

年轻的伙计解释说："先生，很抱歉，我们这里的房间也已经客满了。这两天，由于一个重大会议要在这个地方召开，附近的旅店家家客满。"

听了小伙子的话，老夫妇的脸上露出说不出的失望之情。

这位年轻的伙计看着他们为难的样子，便轻声说："不过，天气这么糟糕，这么晚了你们是找不到住宿的地方的，要是你们不介意，就到我的房间里将就一晚吧！"

顿时，这对老夫妇转悲为喜，脸上洋溢着说不出的兴奋和感激。

"那你怎么办呢？"那对夫妇想了想又问。

"今天我值夜班，所以我的房间是空着的，你们尽管放心地睡吧。"

第二天早上，老人付房钱时，伙计坚持不要，说："我自己的房间本来不是用来营利的，怎么要你们的钱呢？"

"年轻人，你可以成为美国第一流旅馆的经理。过些日子，兴许我要给你盖一个大旅馆。"伙计听了，只当是一个玩笑，礼貌地说了声"谢谢"。

两年过去了。一天，年轻人收到一封信，信里附着一张到纽约的往返机票，约请他回访两年前在雨夜借宿的两位客人。

年轻人来到车水马龙的纽约，老人把他带到第五大街和第三十四街的交汇处，指着一幢高楼说："年轻人，这就是我们为你盖的旅馆，你愿意做这个旅馆的经理吗？"

这位的年轻人就是如今大家熟识的纽约首屈一指的奥斯多利亚大饭店的经理乔治·波尔特，那位老人则是威廉·奥斯多先生。

故事中的年轻人用一颗善良的心，在别人遇到困难的时候，给予了不计得失的帮助。或许这些帮助很微小，但在生活中善待别人，总会得到应有的尊重和内心的快乐！

在对待别人时应付出我们的爱和尊重，哪怕只是多一个饱含真情的眼神，一个细微的动作，都让他们因为"我"的存在而变得更幸福、更快乐。

不可否认，包括我们自己在内的几乎所有生活在繁忙都市中的人，都没日没夜地奋斗在所谓的"前途"中。我们试图把所有现实的事情做得完美，实现理想中的结果。然而，现实毕竟是现实，往往和我们的想象有或大或小的差距。

很多时候，付出与收获也不能成正比，两者的差距常常让我们感到生活的残酷与乏味，渐渐地，我们疲倦了，也厌倦了。在这种被厌倦思想控制的心态下，我们对周围的人或多或少地充满敌意，不能原谅来自旁人一点点无心的伤害。于是，这个世界就有了报复，有了战争，更多的人被卷入伤害和被伤害中。一旦人们的心灵被蒙上污垢，就不能从生活中发现许多美妙的事物，享受生活的乐趣。

其实，善待他人是一种爱，这种爱不是一片宁静的土壤，而是一种征服的力量。如果某人对你不公正或不公平，学会原谅他吧。因为宽恕也是一种善待，而你可将这次经历铭记于心，从中汲取教训。

要知道，这个世界上最厉害的武器永远不是尖刀，而是善意。手执尖刀，你将遭遇的，是对方的拼死抵抗；但若手捧善意，那么请相信，谁都不会拒绝你。

锱铢必较，最终就只剩"锱铢"了

作为芸芸众生中的一个，我们和其他人甚至所有人在经历、遇到的事情以及心理状态、处理问题的想法上，都存在某些共性。也就是说，当我们精于算计他人时，对方也正在用同样的方式对待我们。这样一来，必然要求一方做出让步，显现出每个个体在为人处世中的不同态度来。

同时，我们会发现另外一类人，这类人在社会生活中所占比重虽然不大，但最终却力挽狂澜，获取更多更大的利益，即大方厚道的人。他们遇到问题时会跳出个人的"小算盘"，从全局考虑，既做到对当前情况心中有数，又能明确事物发展的变数。不仅如此，大方厚道的人往往有着强烈的责任感和紧迫感，他们会将眼睛注视大目标，想方设法为团体的整体发展付出自己的努力。

无疑，想法不同，体现出来的思想境界自然不同，人生态度就会不一样，结果也就会不一样。

其实，我们的人生旅途原本是一种删繁就简的过程。更多时候，它需要我们大智若愚，谋取长远，抓大放小。因此，真正的智慧是厚道做人，而不是精明算计。

那些成天抱着一把小算盘，紧盯着每个数字变化的人，就算他们一生不出差错，也难以清点完美好的人生。如果什么都要锱铢必较，最后你的手里恐怕就只能剩下锱铢了。

后汉开国皇帝，即汉光武帝刘秀因为一手扫平天下，光复了汉朝，在皇帝宝座上待了33年之久。这期间，地方割据势力如延岑、卢芳、公孙述、刘永、李宪、董宪等，都在他即位的13年内平定。

应该说，刘秀是个很会打仗的人，但是他却爱好和平。他偃武修文，废掉了郡国每年一度的会操，力争缩减军费开支。对于匈奴内迁，他不派兵制止，于是西域各郡长纷纷遣使进贡，甚至有些郡长派自己的儿子来当侍卫，作为效忠的保证，并请求刘秀能够向西域派遣都护。可刘秀婉辞拒绝了，他的理由是这样会劳民伤财。

不仅如此，刘秀还打起来节省刺史旅费的算盘，让他们不必多旅行察看或进京报告。这样刺史只好坐在各州办公，一举变成太守国相之上的地方官，从而真的天高皇帝远，不再做中央朝廷的耳目，慢慢地破坏了集权与统一的汉朝制度。

由此可见，作为一个骁勇善战、重情重义的好皇帝，刘秀正是败在自己的小算盘上，亲手拆散了自己辛辛苦苦打下来的天下，真可谓得不偿失！

位高权重的刘秀如此，生活中的我们也是一样。如果总是精于算计小得小失，不停地打自己的小算盘，后果自然不能令人满意。正确的做法应该是，从自我的小算盘里跳出来，将事情放在全局背景下，认真分析怎么做合理、怎么做不合理。如果发现个人利益和大局利益发生冲突，我们应该考虑怎么决策能保持双赢，而不是只顾自己的小算盘，使全局利益受到损害。

当个人利益和全局利益发生冲突时，正确的做法是考虑如何决策才能保持双赢，而不只是为了实现个人利益而打着小算盘，使全局利益受损。

可以肯定，大部分人会觉得，自己不该是吃亏的那个。所以，他们会紧盯自己的小算盘，核计得失，想方设法保护自己的利益。大方厚道的人则不同，他们会把眼界放宽放远，以长久发展为目标，宁肯牺牲自己的利益，也会配合大局的发展。

也许你会说，这不是傻子所为吗？其实，绝非如此。这样做，表面看来是吃亏了，但眼前的小小放弃，会为他们创造更长远的发展和合作的机会，带来更多的利益。如此一来，谁是真傻，谁是真聪明，一目了然！

不难发现，生活中不少人很善于打小算盘。他们会琢磨自己怎么才能获取更多的利益，获取的数额有多大；相应，怎么能让别人少获得一点利益。看上去，这类人似乎小算盘打得啪啪响，但从另一角度不难发现，这些人往往只满足于眼前的小进步，争取的都是当前的小利益。此外，由于他们"算计"的对象是某个人或者小团体，从来不管大局是盈是亏、是进是退。

俗话说得好，山不转水转，每个人都可能有相遇、合作的一天，所以我们应该学学大方厚道人的做法，不过于计较，先和别人建立一定的情谊，这不管对人还是对事，都有利无害。此外，从心理学的角度而言，人们不愿意同过于精明的人交往，因为需要带着防备心，以免被对方算计。

正如《瘤言二·迁都建藩议》中所说：不谋全局者，不足谋一域，讲的正是这个道理。只有这样的人，才能真正做到纵横兼顾，从而成就一番大事业。

那些给予，终会回馈到你自己身上

生活中存在无法用金钱和智慧换得的东西，如一点点温暖、一丝丝真诚和善良。很多时候，这些看似微不足道的付出，却比有形的东西更能散发璀璨的光芒，让人心生暖意，愉悦无比。

前进的路上，我们总有需要别人为自己遮风挡雨、消除烦恼、给予温馨和慰藉的时候。我们身边的人同样有这样的需要。在我们关照他人、帮助别人的时候，其实也等于是关照了自己、帮助了自己。

古时候，曾经有个商人，一天夜里，他走在漆黑的路上。由于没带照明工具，他只能小心翼翼地走着，心里很后悔没带照明工具。

这时前面忽然出现一点灯光，一点点地向他靠近。由于灯光的照射，附近的路清晰起来，商人走起路来也顺畅了一些。等他走近灯光的时候，才发现居然是一个盲人在提着灯笼走路。

商人不解地问盲人："你已经双目失明，灯光对你起不到任何作用，你为什么还要打灯笼呢？这岂不废油吗？"

听了商人的问话，盲人认认真真地回答道："我是看不到路，可是这么漆黑的夜里，行路的人也都看不到路，说不定他们会撞到我。我提着灯笼走路，就可以让别人看见我，这样我就不容易被撞到了。"

这个故事很值得我们深思：为别人带来方便的同时，也因此保护了自己。正如印度谚语所说："帮助你的兄弟划船过河吧！瞧！你自己不也过河了？"其实，人与人之间就是在帮助他人中而获得帮助的。

就人的本性而言，在利益当前，我们常常最先想到的是自己，先满足自己的所需和所求，很少顾及别人。甚至有些时候，当我们发现别人做着一些对他人有好处，却对自己"毫无用处"的事情，会嘲笑他们，讥笑他们傻。

岂不知，这些我们认为的"傻人"才是真正的聪明人。他们厚道的爱心，在给别人带来温暖的同时，也为自己积累了爱心的回馈。换句话说，我们在向别人伸出援手的同时，其实也是在给自己以温暖。

"给予别人就是给予自己，'善心'是从不损失的最好的投资！"这一真理会带领我们穿越黑暗，找到最明亮的路。

乔·吉拉德被誉为世界上最伟大的推销员，他在15年中卖出13001辆汽车，并创下一年卖出1425辆（平均每天4辆）的纪录，这个成绩被收入《吉尼斯世界大全》。那么你想知道他推销的秘密吗？他讲过这样一个故事：

记得曾经有一次，一位中年妇女走进我的展销室。说她想在这儿看看车打发一会儿时间。闲谈中，她告诉我她想买一辆白色的福特车，就像她表姐开的那辆，但对面福特车行的推销员让她过一小时后再去，所以她就先来这儿看看。她还说这是她送给自己的生日礼物："今天是我55岁生日。""生日快乐！夫人。"我一边说，一边请她进来随便看看，接着出去交代了一下，然后回来对她说："夫人，您喜欢白色车，既然您现在有时间，我给您介绍一下我们的双门轿车——也是白色的。"

我们正谈着，女秘书走了进来，递给我一打玫瑰花。我把花送给那位妇女："祝您长寿，尊敬的夫人。"显然她很受感动，眼眶都湿了。"已经很久没有人给我送礼物了。"她说，"刚才那位福特推销员一定是看我开了部旧车，以为我买不起新车，我刚要看车他却说要去收一笔款，于是我就上这儿来等他。其实我只是想要一辆白色车而已，只不过表姐的车是福特，我也想买福特。现在想想，不买福特也可以。"

最后她在我这儿买走了一辆雪佛莱，并写了张全额支票，其实从头到尾我的言语中都没有劝她放弃福特而买雪佛莱的词句。只是因为她在这里感受了重视，才放弃了原来的打算，转而选择了我的产品。

肯定许多营销员学过诸如推销经典之类的课程，但是他们却没有成功，因为生活是多彩的，顾客是多样的，销售方法也同样是多种的，与顾客联络感情促进公共关系的提升是一个伟大推销员带来的最大财富。

贪多求快，终成大害

一位伟大的心理学家说过：只有把根深深地扎进地狱，才能更好地触及天堂。

土地与天空的距离非常遥远，但不论你多么向往天空，只有先把根深深扎进土地，让自己站稳脚跟，才能承载起你对天空的追求。如果根基未稳，却贪多求快，终有一天，会成大害。

一切的伟大与成功，实际上都是由看似微小的细节点滴积累而成的。当你努力打点好生活中的一切，将自己的本职工作做到无可挑剔时，再抬头看看，你会发现，自己拥有的已经不再只是几个"果子"了，而是一棵参天大树。当然，它之所以能如此茂盛，完全要得益于一步一步的稳扎稳打以及时间的积累。这棵树终有一天会成长为一架"天梯"，伸向更高的领域，而那些原本已经是"极限"的工作，已被轻松地踩在脚下。回过头来，你会发现一切豁然开朗。

每个人都希望自己能够早一点学业有成，创立一番事业，功成名就。为了这一理想，我们加快了奋斗的脚步，以至于常常在自己或他人身上发现这样一种现象：之前的几乎还没实施完毕，就开始匆忙执行下面的计划；今天的事还有待处理，就急着考虑明天、后天的事该怎么做；本职工作还没有做得圆满，就琢磨着怎么挣"外快"……这正是人们"贪多求快"心理的直接反映，而有这种心理的大多是一些精明过头的人。

事实上，速度并不代表效率。许多人追求迅速完成任务，却忽略了每件事都有其不好解决的地方，仓促执行下去，中途往往要栽跟头。因此，付诸行动之前，应针对问题仔细分析、思考与研究，然后再确定进展速度。没有充分掌握信息，就想正确而完整地估测一件事物，几乎是不可能的。给自己充足的时间用以收集信息，或者将产品推到市面接受考验之前，自问如何证明自己的决定是正确的。若能找到充分的理由和证据，则可大胆地说出自己的想法，执行自己的计划；否则，暂时就先老老实实地干自己的工作吧。

房浩斌现在任职于一家培训公司，他是一个著名的讲师。房浩斌上小学的时候，教他的是一位30多岁的男老师，因为是民办教师，所以工资很低，经济上比较拮据。为了补贴家用，老师就跟师母两个人将学校后山的那块自留地开垦了出来，种了一些果树。

到果子成熟的时候，房浩斌就和村里的几个小朋友一起帮老师摘果子，大家边聊天边劳动，往往不到半晌的工夫，就可以摘满好几大筐。

有一年秋天，正是苹果收获的大好季节。房浩斌跟几个朋友照例去帮老师摘果子，收苹果的贩子等得有些不耐烦，于是有人提议说："大家现在比赛摘果子，看看谁能摘得最多。"这个提议最后全票通过。接下来，老师给他们每人一棵树的任务，谁先将自己那棵树的果子摘完，谁就赢得最后的胜利。谁能赢得最后的胜利，就可以得到三个苹果的奖励，其他人只能拿一个苹果。如果是最后一个，谁就要给大家唱一首歌。

一声令下，大家都在自己"承包"的果树上迅速地忙活起来。刚开始的时候，大家的速度差不多，但是随着树底下果子的减少，房浩斌这才发现自己的劣势。因为长得比别的小朋友矮，所以他无法像他们一样轻松地摘取稍微高一点的果子。眼看其他伙伴已经明显地超过自己，房浩斌突然灵机一动，像猴子一样攀到树上，一会工夫，他就迎头赶了上去。

看着自己已经快要装满的筐子，房浩斌暗自高兴："哈哈，我就要成为冠军了。"就在这个时候，突然咔嚓一声，树枝断裂，房浩斌也被重重地摔到地上，索性地上没有什么磕磕绊绊的东西，他也没有伤到哪里。老师和朋友们赶紧过来把房浩斌从地上扶起来，固执的房浩斌刚要站起来就要再次爬到树上去，他一定要赢得最后的胜利。

　　但是老师无论如何都不让房浩斌再爬了。孩子们围在一起，老师看着小脸绷得通红的房浩斌，拍着他的肩膀说："有些果子，不用你们去摘，到时候我可以搬个梯子来，大家只要摘够得着的那些就行了。"

　　后来，房浩斌考上大学，成为现在的讲师，他经常跟学员说起这段经历。他说："直到很多年之后，我才慢慢开始领悟老师那句话的意思。理想和抱负很多时候会成为纸上谈兵，很多是我们摘不到的'高处的果子'。有理想、有目标，固然是一件很美的事情，但是不能好高骛远，想要一步登天，摘到最高处的果子，往往会让你摔得很惨。不妨去珍惜那些你能够摘得着的'果子'，生活才不会让你频频失望。更何况那些现在摘不到的果子，以后未必也摘不到。"

　　在生活和工作中，许多人就像故事中的房浩斌一样，易犯"贪多求快"的错误。在这些人看来，世界是一个运转速度越来越快的庞大机器，一旦自己跟不上它的运转速度，就会白白丧失掉很多机会，甚至遭到淘汰。

　　在现实生活中，有的人做事稳扎稳打，一步一个脚印；有的人则贪多求快，恨不得一口吃个胖子。起初，前者可能脚步慢了些，收获也似乎比后者小了些，但由于他们走得稳健，行得踏实，往往能取得比后者多得多的成果。

　　当我们斗志昂扬地向自己的"高理想、高目标"奋进时，免不了要经历"爬得越高摔得越重"的悲剧。因此，我们应该一步一个脚印地缓缓前行，"一口吃成个胖子"是不现实的。

　　我们对马拉松比赛都不陌生，回想一下，那些起步时跑得最快、一时领先的人，往往成不了冠军。同样的道理，学业、事业的奋斗和进步，事业的开创，最后的结局如何，可能和一时的顺利或成功关系不大。因此，我们在追求功名时切忌心切，要想发财千万别太贪心。只要扎扎实实地做好眼下的事，经过一定的积累，必然能收获理想的果实，迎来成功的人生。

所以，无论何时，我们不能贪多求快，只有耐心地打好基础，才能有更加坚实的后盾，更稳当地承载未来。

换位思考，摒除对人与事的偏见

俗话说："己所不欲，勿施于人。"我们要学会推己及人，想想你不愿意别人怎样对待你，你就不要那样对待别人。用对方的思维方式思考问题，这样我们才能更加容易理解、包容对方的行为。这才是真正高明的为人处世的方法。

在工作和学习中，换位思考就是换一种思维、一种方法、一个角度，重新看待事情，这是一种创新和探索。

只有学会对人对事换一种角度来思考，你才可能从纷繁复杂的琐碎中解脱出来，从钩心斗角的环境中脱离出来，看到的世界将会越来越美好，心态也会越来越平和。

靳彩霞是北方一所著名大学商学院的毕业生。从名牌大学刚毕业时，她意气风发，踌躇满志，立志要干出一番事业来。

可是进公司三个月后，她就觉得自己已经没有办法再在这个公司生存下去了，左思右想后，打算辞职。

当靳彩霞将自己的决定告诉朋友齐小倩后，齐小倩不解地问道："你现在这个公司挺有名气的，我觉得你在公司的发展空间也很大，为什么突然决定辞职呢？"

"部门的同事都特别小心眼，一个个鼠目寸光的，还有就是我觉得所有的同事都看我不顺眼，处处跟我过不去。最主要的是，我们经理是个无能之辈，在他的领导下，我永远没有出头之日，更别说有什么好的发展前景了。我已经无法忍受了，如果不辞职，我迟早会崩溃的！"靳彩霞把郁积在心里的苦闷一股脑儿地发泄了出来。

"怎么这么苦大仇深？到底发生了什么事？"朋友齐小倩关切地问道。

"我们经理总是把活儿分给大家，自己什么都不干，你说他有什么能力？而且，同事也总是给我很多的活儿，这明明就是跟我过不去嘛！你说，我能不辞职吗？我要是再干下去，用不了多久，就会精神崩溃的！"靳彩霞的情绪有些失控。

"如果你是经理，你会怎么做呢？"朋友齐小倩问靳彩霞。

"我又不是经理，我怎么知道，况且我也没有必要知道！"靳彩霞没好气地说。

"你可是从商学院毕业的，应该明白，作为管理者，经理的主要任务不是把一切活儿都揽在身上，冲锋到一线，而是帮助下属解决工作中的困难，为本部门争取到更多的资源。要是他像其他人一样什么都干，这个经理也就和普通员工没什么两样了。"朋友齐小倩开导靳彩霞道。

"可是，他总不能把所有事情都推给我们干吧！"靳彩霞的语气虽然有一些缓和，但还是一脸的不服气。

"那你说他每天都干些什么？玩游戏、打私人电话、看闲书吗？"看靳彩霞不吱声，朋友齐小倩又继续说，"估计不是。所以，你得站在经理的角度想想，为了协调部门工作，他需要做什么？为了解决下属的问题，他又需要采取什么措施？还有，他要预测工作中可能会遇到的问题，这些都是他需要做的，你怎能指责他什么都没干呢？"朋友齐小倩反问道。

听了朋友齐小倩的话后，靳彩霞陷入沉思。

案例中的主人公靳彩霞正是因为没有从经理和同事的位置出发看待事情，所以造成她对经理和同事的偏见，使自己的情绪发生波动，进而产生辞职的念头。

假如靳彩霞和她的朋友齐小倩一样，懂得换位思考，就不会抱怨经理"什么事都不干，没有本事了"，而是理解经理的职责和做法。同样，她也不会埋怨同事总给自己很多活儿。从另一角度来看，这是锻炼自己的好机会，既帮助了同事，又提高了自身能力，何乐而不为呢？

在与他人相处时，我们要学会站在对方的角度考虑问题，也就是换位思考。换位思考就是设身处地为他人着想，在互相宽容、理解的基础上，站在别人的角度思考问题。将自己置身对方的处境和问题之中，设想如果这件事情发生在自己身上，会有什么想法，并做出怎样的反应。

每个人的思维方式不同，对待同一件事情也会有不同的反应，所以不妨试着站在对方的位置上，用对方的思维方式思考问题，这样我们才能更加容易理解、包容对方的行为。

由此可见，换位思考在处理人与人之间的关系以及看待、完成事情的方法上都有着非常重要的作用。而且，很多时候，你会发现对人、对事换位思考，就是绝境逢生，是"山重水复疑无路"之后的"柳暗花明又一村"。

下面我们就来讨论一下，在人际交往中，应该怎样做才能有效地换位思考。

首先，我们要认识到这个世界上每个人的思维、观念、人生观都是不一样的。不同的人对待同一件事情有不一样的看法再正常不过，就算是最亲近的人也不可能想法、意见完全一致。有了这个认知前提，在和他人意见产生分歧时，你才不会情绪失控，咄咄逼人，更多的是包容和理解。

其次，要有同情怜悯之心和宽容的心态。这个世界无论科技如何进步，物质文明如何提高，都改变不了这样一个事实，那就是"做人不易"。不管是富豪还是贫民、教师还是学生、老板还是员工，都非常不容易。既然大家都不容易，我们就不应该因他人的失意、挫折、痛苦幸灾乐祸，而是要怀着一颗善良、关怀的心体恤他人。

我们需要明白，每个人都有自己的优点和缺点，不能十全十美，也不会一无是处。尊重他人，就是不苛求他人与自己保持一致，以平常心态接纳他人、欣赏他人，这样我们才会真正做到设身处地为他人着想，体谅别人的难处。

恪守诚实，对他人负责，对自己负责

诚实是做人的基础，也是一个人走向成功的资本。在日常生活里，尽管我们会因为讲实话而失去一些东西，可是在人生长河中，这些因诚实而失去的东西，就会成为一种价值投资，说不定某天就能让我们得到丰厚的回报。

做人的基本品质是诚实，它是人们相互依赖与友好交往的基石。在生活中，任何人都不喜欢和撒谎成性的人为伴，都喜欢与诚实的人打交道，因为和诚实的人在一起，就会心生一种安全感，不需要处处设防、心有疑虑。

所以，在人际交往的过程中，我们一定不能耍小聪明，不能口是心非。日子久了，所耍的小聪明，肯定会被识破。到那时，朋友离去，信誉全无，就追悔莫及了。

以前有一位老国王，十分宽厚仁慈。由于没有子嗣，加上身体一天不如一天，于是想找一个人来继承皇位。

这一天，他思来想去，终于下定决心要在国内找一名诚实的孩子做自己的接班人。

找接班人的告示贴出后，很多家长带着孩子纷纷涌进王宫。在殿堂上，老国王看着笑脸如春的孩子们，拿出许多花籽儿，发给每一个孩子，说："我老了，要是谁能用这些种子养出最漂亮的花儿，我就让他做我的继承人。"

孩子们看着手里的花籽儿，非常高兴。回到家后，他们在大人的帮助下，播种、浇水、施肥、松土，不分昼夜地照看。在这些孩子里，有一个叫明明的孩子，他整日用心培育花种，然而十天过去了，一个月过去了……花盆里的种子始终没有发芽的迹象。他十分纳闷，便问母亲为什么种子迟迟没有发芽。母亲回答说："这个我也不太清楚，你将花盆里的土换一下试试？"明明照着做了，情况依然如故，花种始终没有吐出他希望的嫩芽。

时间过得很快，国王规定献花的日子到了，别的孩子都手捧一盆盆鲜花进入皇宫，等待老国王的评判，只有明明捧着空空的花盆站在皇宫门旁低头哭泣。这时，国王出来了，他看着一盆盆艳放的鲜花，脸上的表情变得越来越严肃。

突然，国王的眼睛一亮，径直走到明明身边，问他花盆为什么是空的。明明认为国王觉得他笨，于是哭得更厉害了。可是，国王却面带微笑，没有一丝责备，拍了拍他的肩膀又问了一遍。明明边哭边说自己是怎样精心培育花种，种子却始终都没能发芽、开花的经过。国王听完后，高兴地一把抱他，热泪盈眶说："我的孩子，你正是我要找的继承人。你不知道，我给你们的种子都是煮过的，无法发芽开花，你是所有孩子中最诚实的人。"

后来，明明成了王位继承人。

故事里的明明之所以会在众多孩子中被国王选中，就是因为他做人诚实。那些没有被选中，甚至国王看都不看一眼的孩子，缺少的正是诚实的品德。

为人处世，最重要的就是诚实，不为一点小利就做出撒谎和欺骗的行为。在生命的汪洋里，我们应当做一名诚实之人，让诚实化为一股前进的力量，扬起生命的风帆。

在如今的社会，诚实就如同金子一般珍贵。人们口中的谎言越来越多时，对诚实的向往和珍视也就越来越深。诚实就像一道光，这道光芒在谁身上出现，都会让人不由自主地产生钦佩之情。所以，如果想得到他人的敬佩，就需要始终坚守诚实。

在西方，一家著名的跨国企业举办了一场招聘会，职位只有一个——销售主管。然而，应聘的人很多，经过初步筛选后，最后一轮只剩下三名应聘者。

这三个人中，有一个叫约翰的人最后一个走进主面试官的办公室。他刚进来，主面试官就上上下下打量着他，然后眼神一亮，一脸惊喜地跑过来抓住约翰的手，深深地拥抱了他。主面试官激动地说："先生，我可找到你了！"接着，转过头对女秘书说，"他就是在公园的湖里救了我女儿的年轻人。那个时候，他不留姓名就走了，可巧今天再次碰到了他。"

约翰一脸茫然，心想"面试官肯定认错人了"，这时他眼前似乎出现一位幸运女神，正在向自己微笑。不过，他马上镇定下来，对着还处于激动中的经理说："先生，我不是您要找的人，您认错人了。"

"我认错了？不会，不会的，我清楚地记得上周那个年轻人脸上也有与你脸上一模一样的痣。"

冷静下来的约翰更是坦然了，平缓地说："先生，您是认错了，上周我都没有去过那个公园。"

三天后，约翰来公司任职的时候，关心地问经理的秘书："对了，主面试官找到他女儿的救命恩人了吗？"秘书听后哈哈大笑起来："哪有什么救命恩人呀！主面试官只有一个儿子。"

可以试想，假如约翰以主面试官女儿的救命恩人自居，他还会被录用吗？约翰正是凭借自己的诚实，赢得了理想的工作。

假如我们因不诚实、不厚道而变成伪君子，便会千方百计维护这个伪装，直到某天被真相戳破，这样他人也不会再相信我们，更不会来帮助我们。如此，我们无形中就会被周边的人孤立，从而为曾经的谎言付出严重的代价。

而恪守诚实的人，却不会有这样的烦恼和隐患。他们不需要耍心眼、玩弄无中生有的伎俩，不需要为了摆在眼前的小小利益而一直提心吊胆，隐藏自己，生怕一不小心就被人揭破。此外，正是由于他们恪守诚实，别人才会对他们产生信任，从而得到更多的机会，取得事业上的成功。

可见，恪守诚实，不行欺骗的小人伎俩，我们才能在人生的海洋中真正远航。恪守诚实，是对他人的负责，更是对自己的负责。无论何时、何地，都请牢牢攥住"诚实"二字，别让虚假的谎言主宰你的人生。

为对手喝彩，没有他，你不会这么强大

我们都知道，"物竞天择，适者生存"是大自然的规律。换言之，世界没有了竞争，就没有了发展；个人没有了对手，自己就不会强大。可以说，正是竞争的存在，推动我们的前进；正是对手的存在，促使我们的成功。

从这个角度看，我们不应该消极地排斥对手，而应该积极地面对对手，主动参与到竞争中去。此时，对手会促使我们不能退缩、不能松懈，时刻怀有无穷的动力，必然能激发出自己的最大潜力，彰显出最优秀的自己！

我们先来看看下面这个故事。

某家动物园为了吸引更多的游客，特意从遥远的美洲引进一只剑齿豹。

这种剑齿豹的勇敢和凶悍人尽皆知，据说它们一天能够逮捕三只羚羊，而其他的美洲豹再怎么努力一天也就只能逮捕一只羚羊。

面对这样一个"远方贵客"，动物园的管理员们想方设法给它好吃好喝的，每顿饭都特意为剑齿豹准备精美的饭食。不仅如此，管理员还特意开辟了一个不小的场地供剑齿豹活动。

可是，剑齿豹没有因为受到特殊对待而过得舒心，它整天闷闷不乐，看上去总是无精打采。

见此状况，动物园的管理员大惑不解，开始时他们以为或许是剑齿豹对新环境不大适应，过一段时间就好了。

可让他们没想到的是，两个月过后，剑齿豹还是老样子，甚至连饭菜都不吃了，生命处在奄奄一息的危险状态。

眼看着"活宝"这样，园长可急坏了，赶忙请来兽医多方诊治，可是却没发现剑齿豹有任何疾病。

紧接着，兽医提出一个建议：在剑齿豹生活的领域放几只老虎，或许能让剑齿豹打起精神来。

果然不出所料，人们发现，老虎的到来让剑齿豹时时处于警觉状态，每当运送老虎的车辆出现，剑齿豹就站起来怒目而视，摆出一副严阵以待的阵势。

没过多久，剑齿豹的活力逐渐恢复了，管理员也长舒了一口气。

这里面的道理不难理解。试想，一个人如果没有对手，再加上上进心不是很强，他就会甘于平庸，养成惰性，最终庸碌无为。在一个群体中间，如果缺乏竞争对手，就会使人丧失活力，丧失生机；在一个行业中，如果缺少对手，也容易让人丧失竞争的意志，会因为安于现状而逐步走向衰亡。

竞争是现代人身边出现的高频词。一说到竞争，我们就会想到职场上的拼杀，商场上的争夺，荣誉面前的争抢……在诸如此类的局面下，多数人内心的平衡被打破，会对竞争对手产生怨恨、畏惧、逃避等消极心理。

事实上，这种思维方式非常狭隘，因为当事人没有看到竞争所给予自己的不仅仅是危机和斗争，它还是一剂强心针、一部推进器、一个加力挡，能够激发自己不断前进，获取更多更大的成绩和成功。

林肯是美国历史上最有影响力、最完美的统治者之一，他也是一个优秀的成功者。之所以成功，除了林肯自身拥有的卓越领导能力外，与他重视、欣赏萨蒙·蔡斯这个有力的竞争者也有很大的关系。

1860年，林肯当选为总统之后，决定任命参议员萨蒙·蔡斯为财政部长。

林肯把自己的想法告诉了参议员，没想到，顿时引起一片哗然，很多人投出反对的一票。

对此，林肯颇为疑惑地问："萨蒙·蔡斯是一个非常优秀的人，为什么会引起这么多人反对呢？"

参议员给出了这样的回答："萨蒙·蔡斯是一个狂妄自大的家伙，他狂热地追求最高上司权，一心想入主白宫。而且，私底下，他甚至认为自己要比你伟大得多。"

听完参议员的话，林肯笑着问道，"哦，那你们还知道有谁认为自己比我要伟大的？"

这些人不知道林肯为什么要这样问。

林肯解释说："如果你们知道，有谁认为他比我伟大，你们要及时告诉我，因为我想把他们全都收入我的内阁。"

最后，林肯还是任命萨蒙·蔡斯为财政部长。事实证明，蔡斯是一个大能人，在财政预算与宏观调控方面很有一套。但是，对权力的崇拜，使他对林肯一直很不满，并时刻准备着把林肯"挤"下台。

林肯的朋友纷纷劝说林肯最好免去蔡斯的职务，但他轻轻地笑了笑，表示自己对蔡斯满怀感激之情，不会罢免他的。朋友对林肯这样的说法难以理解。于是，林肯就讲了这样一个故事：

"有一次，我和兄弟在肯塔基老家犁玉米地，我牵马，他扶犁。这匹马很懒，但有一段时间却在地里跑得飞快，连我这双长腿都差点跟不上。到了地头，我发现有一只很大的马蝇叮在它身上，我随手就把马蝇打落了。我兄弟问我为什么要打落它，我说我不忍心看着这匹马被咬。我兄弟说：'哎呀，正是这家伙才使马跑得快。'"

然后，林肯意味深长地说："现在有一只叫'总统欲'的马蝇正盯着我，我会时刻提醒自己不能松懈，要不断向前跑，努力做好自己的工作。否则，我就会被别人所替代！这正是我能做好工作的主要原因。"

我们可以感受到，对于一个想干出一番事业的人来说，他们会将竞争当作自己不断努力的动力，无所畏惧，积极迎接对手的挑战。正因如此，他们获得了不断的成长，为成功打好了坚实的基础。

我们不应该消极地排斥对手，而应该积极地面对。对手会促使我们时刻怀有无穷的动力，激发自己最大的潜力，进而彰显出最优秀的自己！

总而言之，竞争是一剂强心针，如同加力挡之于汽车、助推器之于机械设备。面对竞争对手时，最好的做法就是相信自己，敢于积极备战、迎接挑战。唯有如此，我们才能不断取得进步，不断成长，绽放不一样的光彩。